Dining in style

餐饮空间氛围营造

简名敏（Jasmine Jean） 编著

江苏凤凰科学技术出版社

图书在版编目（CIP）数据

餐饮空间氛围营造 / 简名敏编著. -- 南京 ：江苏凤凰科学技术出版社，2017.10

ISBN 978-7-5537-5643-1

Ⅰ. ①餐… Ⅱ. ①简… Ⅲ. ①饮食业－服务建筑－室内装饰设计 Ⅳ. ①TU247.3

中国版本图书馆CIP数据核字(2017)第218398号

餐饮空间氛围营造

编　　著　简名敏（Jasmine Jean）
项目策划　凤凰空间／段建姣
责任编辑　刘屹立　赵　研
特约编辑　段建姣　徐　娜

出版发行　江苏凤凰科学技术出版社
出版社地址　南京市湖南路1号A楼，邮编：210009
出版社网址　http：//www.pspress.cn
总 经 销　天津凤凰空间文化传媒有限公司
总经销网址　http：//www.ifengspace.cn
印　　刷　上海利丰雅高印刷有限公司

开　　本　889 mm×1194 mm　1／16
印　　张　17
字　　数　300 000
版　　次　2017年10月第1版
印　　次　2024年10月第2次印刷

标准书号　ISBN 978-7-5537-5643-1
定　　价　288.00元

序

多年前，一个春风沉醉的晚上，上海西南角一条尚且幽静的马路上，在一栋外观让人觉得富足但并不张扬的公寓楼，我对“家宴”有了全新的理解。

这，当然全拜 Jasmine 所赐。

所谓“家”和“宴”，也就是环境和美食的完美结合，高度统一。那是我一次踏入 Jasmine 的家，从空间而言，家并不大，正因为不大，客厅、餐厅和厨房三个区域被 Jasmine 完美地组合在一起，各有各的分工，又互为各自的风景线。三个区域的关系就像是稳固的三角形，稳妥而流畅。犹记得那天的背景音乐是马友友的大提琴演奏，我们在那张松绿色的新古典主义风格沙发上散坐着，把酒聊天。也只有在家宴的情境下，才能有如此美妙的聚会前奏吧。

在那次拜访之前，只知道 Jasmine 是个出色的软装设计师，尚不知她烹饪美食的功力，怕是并不亚于她的软装能力。

那个晚上，具体吃了哪些菜，每道菜的奥妙，已经记不大清楚了，但至今仍记忆犹新的是，我那位平日里最怕去西餐厅的丈夫对我说，“要是去西餐厅能够吃到这样的西餐，我怕是也会喜欢上西餐的。”能够改变一个人对整个菜系的看法，这种情形对于任何烹饪者来说，都该是最大的褒奖了吧。

所以，当 Jasmine 来电告知她又有一本新作即将付梓时，我先是有些惊讶，因为觉得她的前两本书，差不多已经把她的软装行业给里里外外、透透彻彻地解析了一遍，但当我看到这本书稿之后，又不禁为她拍案叫绝。作为一名读者，我感到特别兴奋，因为我知道，Jasmine 就是那个跨界在软装和美食领域的一流高手，由她来为大家讲解餐饮空间氛围的营造，真是再合适不过了。

希望这本书的读者能够和多年前的我一样，在阅读的过程中，领略到环境和美食完美结合后给我们带来的愉悦和幸福。愿我们每个人都体会到这样的幸福！

吴正

2017 年 8 月

目录 | contents

第一章

中式餐饮

随着中餐在世界各地的崛起，餐厅环境的营造手法日趋多样化，将文化融入餐饮，让客人在品尝美食、满足味蕾的同时，得到文化的熏陶、视觉的满足、精神的寄托，这是中式餐饮空间营造的最终目的和追求。

岁月留下了许多值得珍藏的文化遗产，不同的历史时期都有自己辉煌的印记，以不同历史年代为主题的中式餐饮文化形式在今天依旧灿烂。宴席餐饮是人们为了礼节需求，以一定规格的酒菜食品和礼仪方式款待客人，这种表现和沟通方式，成为人们生活中的美好享受。

中国幅员辽阔、民族众多，地域和民俗的差异很大。充分发挥这些地域特色，使食客在就餐过程中感受中华文化的博大精深，领略各地的民俗风情，是一件特别有意思的事情。而一个优秀的中式餐饮空间，必然是将中式精神传达得精准到位，那就需要设计者对中国的餐饮文化有一定的了解与领悟。

中华文化五千年的历史，给予我们引以为傲的精神财富。浩如烟海的文化诗篇中，饮食文化是其构成的重要内容。随着人类生生不息的发展，世界各地的地域文化、习俗使人类的饮食文化各异，形成独特的文化形态。中式餐饮是世界餐饮文化中的最大支流，它包含的内容、覆盖的地区最为广泛，是中华民族传统文化的精微浓缩与鲜活表达。

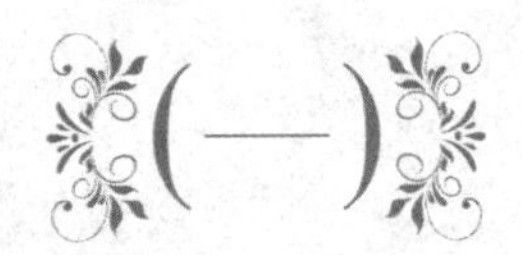

中国饮食文化

从沿革来说，中国的饮食文化绵延上万年，经历了生食、熟食、自然烹饪、科学烹饪 4 个发展阶段。同时，我国推出了 6 万多种传统菜点和 2 万多种工业食品，并且形成了各具特色的筵宴风味流派。也正因为如此，中国获得了“烹饪王国”的美誉。

中国饮食文化非常注重内涵，它涵盖了食源的开发与利用、食具的运用与创新、食品的生产与消费、餐饮的服务与接待、餐饮业与食品业的经营与管理，以及饮食与艺术、饮食与人生境界的关系等内容，可谓深厚广博。无论处于何种立场，中国饮食文化都能展示出不同的文化品味和深厚价值。

1. 八大菜系

菜系，也称“帮菜”，是指在选料、切配、烹饪等技艺方面，经长期演变而自成体系、具有鲜明地方特色并为社会公认的菜肴流派。我国的菜系，是指在一定区域内，由于气候、地理、历史、物产及饮食风俗的不同，经过漫长演变而形成的一整套自成体系的烹饪技艺和风味，并被全国各地所承认的地方菜肴。菜肴在烹饪中有许多流派，鲁、川、苏、粤四大菜系形成历史较早，后来，浙、闽、湘、徽等地方菜也逐渐出名，于是便形成了我国的“八大菜系”。

类别	文化特征	代表菜式
鲁菜	鲁菜，又叫山东菜，以味鲜咸脆、风味独特、制作精细享誉海内外。烹调方面，鲁菜巧于用料，注重调味，适应面广，其中尤以“爆、烧、塌”等方式最有特色。 山东广为流传的锅塌豆腐、锅塌菠菜等，都是久为人们所乐道的传统名菜。由济南和胶东两部分地方风味组成，味浓厚、嗜葱蒜，尤以烹制海鲜、汤菜和各种动物内脏见长。	 拔丝山药

类别	文化特征	代表菜式
川菜	川菜的形成大致在秦始皇统一到三国鼎立之间，有成都、重庆两个流派，以味多、味广、味厚、味浓著称，麻辣是川菜的独特特质。	 鸳鸯火锅
苏菜	苏菜是中国长江中下游地区的著名菜系，由于后来浙菜、徽菜以其鲜明特色列为八大菜系之一，于是烹饪界习惯将淮扬菜系所属的江苏地区菜肴称为江苏菜。江苏菜除淮扬菜外，还包括南京菜、苏锡菜和徐州菜等地方菜系，烹调技艺以炖、焖、煨著称，重视调汤，保持原汁原味。	 清炖蟹粉狮子头
浙菜	浙江菜系是以杭州、宁波、绍兴、温州等地的菜肴为代表发展而成，特点是香醇绵糯、清爽不腻。浙江盛产鱼虾，又是著名的风景旅游胜地，山清水秀，淡雅宜人，故其菜如景，不少名菜来自民间，制作精细，变化较多。烹调技法擅长于炒、炸、烩、溜、蒸、烧等，最负盛名的是杭州菜。	 龙井虾仁
粤菜	粤菜以广州菜为代表，是起步较晚的菜系，但它影响深远，中国港、澳地区以及世界各国的中菜馆，多数是以粤菜为主。粤菜注意汲取各菜系之长，形成多种烹饪形式，是具有自己独特风味的菜系。广州菜清而不淡，鲜而不俗，选料精细，品种多样，还兼容了许多西菜做法，讲究菜的气势和档次，烹调方法突出煎、炸、烩、炖等，口味特点爽、淡、脆、鲜。	 脆皮烧腊
湘菜	湘菜即湖南菜，以辣闻名，是由湘江流域、洞庭湖地区和湘西山区等地方菜发展而成。其制作精细，用料广泛，品种繁多，特色是油多、色浓，讲究实惠。湘西菜具有浓郁的山乡风味。	 剁椒鱼头
闽菜	闽菜的特点是色调美观、滋味清鲜，烹调方法擅长于炒、溜、煎、煨，尤以“糟”最具特色。由于福建地处东南沿海，盛产多种海鲜，因此，以海味为主要原料烹制各式菜肴，别具风味。	 佛跳墙
徽菜	徽菜，又称皖菜，亦称“徽帮”“安徽风味”。徽菜的传统品种多达千种以上，烹饪技法包括刀工、火候和操作技术，三个因素互为补充，相得益彰。徽菜重火工是历来的优良传统，其独到之处集中体现在烧、炖、熏、蒸类的功夫菜上。	 问政山笋

2. 中国食俗

一个民族和地区的食俗不仅与地缘、物产等条件、经济状况有着必然和不可分割的关系，而且还反映在审美情趣、宗教信仰等方面的文化观念和传统意识上。中国自古注重饮食养生，素有“民以食为天”之说。中华民族食俗内容很丰富，各民族所处的地理环境、历史进程以及宗教信仰等方面的差异，使他们的饮食习俗也不尽相同，构成了庞大纷繁的体系。食俗一般包括日常食俗、年节食俗、宗教礼祭食俗等内容，经常反映在一些典型食品中。

类别	文化特征	代表菜式
除夕食俗	除夕饭俗称“年夜饭”“宿年饭”“年根饭” 等，好吃的大菜应有尽有，各地家宴上都有一道或几道必备的菜，而这些菜往往具有某种吉祥的含义，代表着团圆、贺岁迎新等寓意。	 蒸鱼
春节食俗	“春节”俗称过年，甲骨文中“年”就代表着稻谷丰收之意。春节食俗常见的有年糕和饺子，“年糕”取其谐音“年高”，象征着年年高升，“发糕”更是有发财高升之意，因此，年糕也就成了家家户户必备的食品。北方地区春节喜吃饺子，其寓意团结，表示吉利和辞旧迎新。	 饺子
元宵节食俗	元宵又名汤圆，寓意“团团如月”的吉祥意愿。从清代开始到现在，汤圆一直作为元宵节日的代表食品，只是各地风俗不同会形成一些细微差异。	 汤圆
清明节食俗	清明节的主题为“寒食”与扫墓，距今已有 2500 多年的历史。清明吃寒食，不动烟火，生吃冷菜、冷粥，如今因生活水平提高，多吃卤菜、盐茶蛋、面包、饮料等。	 艾叶青团

（续表）

类别	文化特征	代表菜式
端午节食俗	端午节为每年的农历五月初五，是流行于中国以及汉字文化圈诸国的传统文化节日。因战国时期的楚国诗人屈原在该日抱石跳汨罗江自尽，统治者为树立忠君爱国标签，便将端午作为纪念屈原的节日。自古以来端午节便有划龙舟及食粽等节日活动。	 粽子
中秋节食俗	中秋节也叫“秋节”“女儿节”“团圆节”等。中秋节最大的食物是“月饼”，子辈给父老送月饼，朋友之间互送，象征团圆、吉祥。月饼花色品种繁多，风格各异。中秋节还有“赏月”的活动，伴随这些赏月活动的还有许多中秋食品，如香芋、柚子、螃蟹等。	 月饼
重阳节食俗	重阳节也称“敬老节”或“老人节”，在农历的九月九日，故名为重九或重阳。重阳节的食物大都是以孝敬老人为主，祝福老人避邪躲灾。祈求健康是重阳节的主题，食俗也围绕这些方面而形成一种较为独特的文化体系。	 菊花酒
冬至节食俗	冬至节也称“贺冬节”，民间早有“冬至大如年”之说。南方冬至时一般先扫墓后饮宴，饮宴名目有“献冬至盘”和“分冬至肉”等；北方有“馄饨拜冬”和“羊肉熬头”等。	 羊肉汤
腊八节食俗	农历十二月（每年十二月被称为腊月）初八，是我国汉族传统的腊八节。腊八节又称“腊日祭”，原是古代庆丰收酬谢祖宗的节日，后演变为驱寒、祭神和辞旧迎新的活动，我国大多数地区都有吃腊八粥的习俗。腊八粥是用八种当年收获的新鲜粮食和瓜果煮成，一般都为甜味粥。	 腊八粥
灶王节食俗	灶王节也叫“谢灶节”“辞灶节”，不同地方过节的方法不太一样，大部分地区为“过小年”，北方一般包饺子，南方则准备打年糕预备年货了。	 年糕

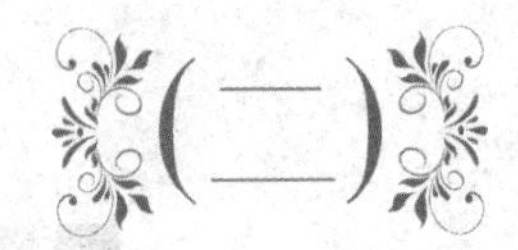

中式餐饮的特点

1. 饮食讲究“和”文化

中国人善于在极普通的饮食生活中咀嚼人生的美好意义。中国人讲吃，不仅只是一日三餐、解渴充饥，它往往蕴含着中国人认知事物的哲理。一个小孩子出生，亲友要吃红蛋表示喜庆，“蛋”代表着生命的延续，“吃蛋”寄予着中国人传宗接代的厚望。这种“吃”，表面上是一种生理满足，但实际上“醉翁之意不在酒”，它借吃这种形式表达了一种丰富的心理内涵。吃的文化已经超越了“吃”本身，获得了更为深刻的社会意义。

中国饮食倾向于感性，对味的偏重，把饮食推向了艺术的领域。在中国，饮食早就超越了维持生存的作用，它的目的不仅是为了获得肉体的存在，而是为了满足人的精神对于快感的需求。

中国饮食文化审美观念所蕴含的思想还表现为“和”，“和”是中国古代文化中重要的审美范畴，其基本特征是追求天人合一。所谓“和”是指中国的饮食结构和饮食文化处处包含着“和”的因素，饮食烹饪以“和”为要素构建物质形态和精神形态。

首先，在食料摄取的种类、方式、时间方面，中国饮食十分强调“和”的原则。《黄帝内经·素问》中早就记载着古人“五谷为养，五果为助，五畜为益，五菜为充”的配膳思路，体现了中式食物的多样化及膳食平衡的搭配原则。为了把不同来源的食物糅合在一起食用，并尽量达到色、香、味俱全，中国人发明了炖、熬、煎、炒、涮、煨、焙、煮、卤等多种烹饪方法，不同食材之间的搭配通常也大有讲究。中国人还有“不食不时”（即不吃反季食品）的说法，强调进食与宇宙节律协调，在一定程度上体现出了中国饮食文化“天人合一”的哲学思想。

其次，在就餐的环境氛围、外延功能等方面，中国饮食用“和”构建其精神形态的根基。以“丝竹绕梁”来增强就餐气氛是从古至今不断延续、发扬和改进的特色传统；“醉翁之意不在酒，在乎山水之间也”则传达出中国人“美食加美景”意境。中国饮食往往还兼具交流群体情感、整合人际关系的强大作用。这种作用不仅仅取决于饮食的物质功能，更取决于饮食的人际调和功能，这种功能实际上就是一个“和”字。在中国人看来，饮食之和即是人和，人与人在一起吃饭，可以提供联络并交流情感的机会；亲戚朋友之间迎来送往，都习惯于在餐桌上表达心情；人与人之间的矛盾，也往往借饮酒聚餐而得以化解；与陌生人交往，也总以饮食为媒介得到融合，建立良好的关系。

2. 箸筷文化

▲ 汉画像砖《宴饮图》

▲ 筷子

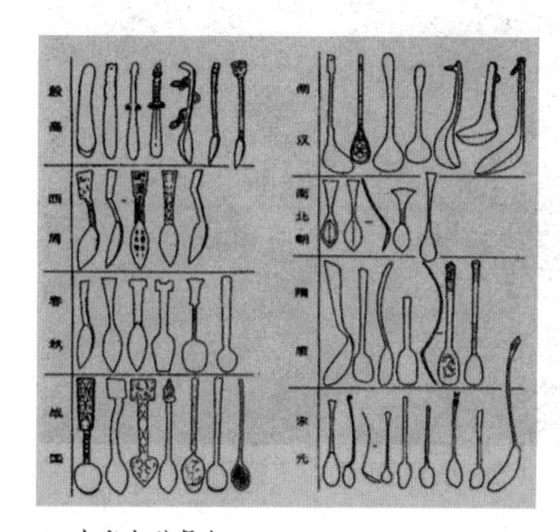

▲ 古代各种餐勺

筷子古称“箸”，是中国传统饮食的器具之一，从古至今在不断地传承着。箸筷智慧是中国独特的文化，浓缩了中华民族五千年的悠久历史。

与西方饮食借助于刀叉工具不同，中国文化偏向于追求“天人合一”的和谐性，这也表现在筷子的取材和使用方法上：从最开始的两根小木棍到后来的竹筷、象牙筷等都取材于自然界；另一方面，相对于西餐餐具的切、戳，筷子使用方式所反映的中国文化不是侵入式的，而是努力寻求一种平衡的和谐，以突出中国传统文化中“和为贵”的意蕴，更体现了中华文化中谦让有礼的民族气节。

中国很早就已经出现了勺子和筷子等餐具，两者在古代的分工很明确，勺子是吃饭的，筷子是吃羹里头的菜的，非常明了，所以勺子一开始形状不定。

对称美不仅是中国传统文化中庄重大气的代表，也是结构设计中受力均衡的有效手段，体现在筷子上就是一双筷子两只，成双成对地出现。每一只筷子上的纹理及图案变化可以是任何无序的元素，这些元素经过对称展示都会出现一种平稳的秩序感，既统一变化又不失稳重大气。

中国传统文化信奉“天圆地方”的理论，效法自然，追求发展中的变化。筷子在使用时方端放置稳定而不至于滚动，圆端进食时没有明显的棱线，方便夹取，“方头圆身的筷子，两头代表了天与地，天圆地方，天长地久，历来就是人们心中的美好愿望”。而筷子若能与筷架有正方与正圆的搭配，有相切或相交的结合，一定能在统一中体现变化，迎来不凡的视觉效果与人文体验。

筷子中的优雅与写意体现在筷子的使用方式上，当我们自然地夹起食物，从眼睛看到筷子到手拿起筷子再到夹起食物后送入口中，筷子充当的不仅仅是餐饮的工具，更是餐饮仪式的载体，使人们感受到中国文化的优雅内涵。另外，筷子与盘子、碗的组合与摆放方式也是一种线与面的结合，变换中更能透露出优雅的使用方式。

筷子是中国人的传统文化，被域外人士看作是中国的国粹之一，反映了中国独特的文化内涵。筷子作为国人情感的载体和文化的传承，投射在人们的精神层面中，并在某种程度上影响中国人的思维和感情。它们是不被人们注意的，然而也正是因为如此，这种作用才是无形和巨大的。

❁ 3. 茶文化

中国是茶的故乡，茶文化与欧美国家或日本的茶文化差别很大。中华茶文化源远流长，博大精深，几千年来，不但积累了大量关于茶叶种植、生产的物质文化，更积累了丰富的有关茶的精神文化。中国作为茶叶的原产地之一，在不同民族、不同地区，至今仍有着丰富多样的饮茶习惯和风俗。

茶为一种植物，可食用、解百毒、益健康，还可作药用，故有“茶乃天地之精华，顺乃人生之根本”之说。此外，茶还富有欣赏情趣，可陶冶情操，坐茶馆聊天、茶话会品茗是中国人的社会性群体茶艺活动。

种茶、饮茶不等于有了茶文化，仅是茶文化形成的前提条件，还必须有文人的参与和文化的渗透。唐代陆羽所著的《茶经》系统地总结了唐代以前茶叶生产、饮用的经验，提出了精行俭德的茶道精神。他们讲究饮茶用具、用水和煮茶艺术，并与儒、道、佛哲学思想交融，从此茶的精神开始渗透到宫廷和社会，并深入中国的诗词、绘画、书法、宗教和医学。在一些士大夫和文人雅士的饮茶过程中，还创作了很多茶诗，仅在《全唐诗》中，流传至今的就有400余首，从而奠定中华茶文化的基础。

茶文化是中国具有代表性的传统文化。中国素有“礼仪之邦”之称，茶文化的精神即是通过沏茶、赏茶、闻茶、品茶等习惯，和中华的文化内涵及礼仪相结合，形成一种具有鲜明特征的文化现象，也可以说是一种礼节现象。“礼”在中国古代用于定亲疏、决嫌疑、别同异、明是非，在长期的历史发展中，是社会的道德规范和生活准则，对汉族精神素质的修养起到了重要作用。同时，随着社会的变革和发展，礼不断被赋予新的内容，和一些生活中的习惯与形式相融合，形成了各类中国特色的文化现象。

中国的名茶有安溪铁观音、西湖龙井、太湖碧螺春、黄山毛峰、六安瓜片、信阳毛尖、太平猴魁、庐山云雾、蒙顶甘露、顾渚紫笋等。中国茶艺在世界享有盛誉，在唐代就传入日本，形成日本茶道。

▲ 描述中国古代煮茶饮茶的画作

▲ 茶园

◆全球茶文化

①加拿大。加拿大人的泡茶方法较为特别，先将陶壶烫热，放一茶匙茶叶，然后以沸水注于其上，浸七八分钟，再将茶叶倾入另一热壶供饮。通常加入乳酪与糖。

②英国。英国各阶层人士都喜爱饮料，茶几乎可称为是英国的民族饮料。他们喜爱现煮的浓茶，并放几块糖，加少许冷牛奶。

③新西兰。新西兰人把喝茶作为人生最大的享受之一，许多机关、学校、厂矿等单位还特别预留出饮茶时间，各乡镇茶叶店和茶馆比比皆是。

④蒙古。蒙古人喜爱吃砖茶，他们把砖茶放在木臼中捣成粉末，加水放在锅中煮开，然后加上一些牛奶和羊奶，再加上适当的盐。

⑤俄罗斯。俄罗斯人泡茶，每杯常加柠檬一片，也有用果浆代替柠檬的。在冬季则有时加入甜酒，预防感冒。

⑥泰国。泰国人喜爱在茶水里加冰，一下子就冷却甚至冰冻了，这就是冰茶。在泰国，当地茶客不饮热茶，饮热茶的通常是外地客人。

⑦斯里兰卡。斯里兰卡的居民酷爱喝浓茶，茶叶又苦又涩，他们却觉得津津有味。该国红茶畅销世界各地，在首都科伦坡有经销茶叶的大商行，里面设有试茶部，由专家凭舌试味，再核等级与价格。

⑧埃及。埃及人待客，常端上一杯热茶，里面放许多白糖，只喝两三杯这种甜茶，就会感觉很饱。

⑨马里。马里人喜爱饭后喝茶，他们把茶叶和水放入茶壶里，然后在泥炉上煮开。茶煮沸后加上糖，每人斟一杯。他们的煮茶方法不同一般，每天起床就以锡罐烧水，投入茶叶，任其煎煮，直到同时煮的腌肉烧熟，再同时吃肉喝茶。

⑩北非其他国家。北非人喝茶，喜欢在绿茶里放几片新鲜薄荷叶和一些冰糖，饮时清凉可口。有客来访，客人得将主人致敬的三杯茶喝完，才算有礼貌。

⑪南美国家。南美许多国家，人们会用当地马黛树的叶子制成茶，既提神又助消化，他们是用吸管吸茶来慢慢品味的。

4. 酒文化

中国是世界上最早酿酒的国家之一，也是世界三大酒系的发源地之一 。中国的饮酒已经摆脱了单纯的食用价值，上升为一种饮食文化。它对社会生活具有重要的影响和深刻的意义，在传统的中华文化中具有独特的地位。

中国的酒文化历史悠久，酿酒业也已逾千年，对酒的制作十分讲究，酿出了不少享誉中外的好酒。我国的八大名酒分别是茅台、 汾酒、 五粮液、 剑南春、 古井贡酒、 洋河大曲、 董酒和泸州老窖。

酒是一种特殊的饮料，更是一种文化的载体。酒是属于物质的，但又融于人们的精神文化生活之中。它不是生活必需品，但却具有一些特殊的功能，在中国几千年的文明史中，几乎渗透到政治、经济、文化教育、社会生活和文学艺术等各个领域。各族人民的日常生产、生活、社交活动，都因酒的兴奋作用和亲和作用而达到极致。它的存在，与中国的民风、民俗活动保持着血肉相连的密切关系，诸如农事节庆、婚丧嫁娶、生日寿庆、庆功祭奠、迎宾送客等。

《左传》中有言，“国之大事，在祀与戎”。敬神祭祖，历来就是中华民族普遍遵行的礼法习俗，而酒，就是祭祀时的必备用品。

中国酒文化的核心是“礼”和“德”，其中一些礼仪、礼节延续至今，如大部分地区还保留有“三巡”的习惯，即无论待客还是朋友相聚，首先要通喝三杯；酒宴上晚辈或下级要主动向长辈或上级敬酒，敬酒时，酒杯要低于对方，以示尊敬；酒桌上新上的菜肴要转到主位先行用膳等，这些都体现了中国酒文化的礼仪要素，是一种没有成文但约定俗成的礼仪，发挥着潜移默化的教化作用。酒桌上的长幼有序、尊老爱幼、以敬为礼、谦和礼让既是中华文化的体现，也是对中华文化的强化。

中国是礼仪之邦，“礼”在社会生活中占有相当重要的地位。它不但是等级秩序的标志，而且也是为人处世、人际交往的行为规范，甚至成为一种不成文的道德准则，是一个具有国家管理功能的体系，并表现在社会的各个方面。酒文化折射、演绎和传播着现实社会的道德风尚和文化规则，它不是单纯的礼，而是通过礼来传播“德”——这是中国酒文化核心中的核心。

中国酒文化既是“德”的完整体现，同时也起到对“德”的强大传播作用。从某种意义上讲，喝酒已成为中国人道德、思想、文化独一无二的综合载体。自然万物的运行规则为“道”，人类社会的运行规则为“德”，而孔子把“德”的推行又具化为“礼”，这是一脉相承的儒家哲学，也是中国酒文化的“基因”。

总之，无酒不成席，无酒不成礼，无酒不成俗。离开了酒，民俗活动便无以举行，悲喜情感便无所依托。酒文化是文化百花园中的一朵奇葩，源远流长、根深叶茂，我们要继承发扬中国传统酒文化中重德明礼、尊祖交友、浅饮养身的精华。

▲ 罍是西周中期的盛酒器

▲ 鸟纹爵是西周中期的青铜礼器，用以饮酒，兼可温酒

▲ 贵州茅台酒

（三）

中式餐饮空间氛围的营造手法

1. 整体装饰设计

现代社会，上到国家大典、外事活动，下至婚庆寿典、亲朋聚会、接风饯行、升迁庆贺，少不了都要举办各种筵席宴会。宴席的一个突出特点是讲究排场并寻求喜庆气氛，因此中式餐饮空间的视觉效果和装饰风格上应着力渲染这种气氛，以中国传统文化为依托，以吉祥图案和传统色彩为装饰元素，烘托出整体空间的喜庆氛围，表达出人们向往幸福、长寿、吉祥的愿望，体现出中国的民风民俗。

近些年，中国风风靡全球，受到越来越多人士的喜爱，但是普通的中式餐厅太大众化，容易使人产生审美疲劳，所以我们要对古典东方元素进行分析与抽象化处理，同时融入现代设计理念，使餐厅能够拥有独特的东方气质，又不失现代生活的优雅。

▲ 榫卯结构

（1）结构形式

中式风格的建筑以木材、砖瓦为主要材料，以木构架为主要结构方式，各个构件之间的结点以榫卯相吻合，构成富有弹性的框架。

木构架结构有很多优点，首先，承重与围护结构分工明确，屋顶重量由木构架来承担，外墙起遮挡阳光、隔热防寒的作用，内墙起分割室内空间的作用。由于墙壁不承重，这种结构赋予建筑物以极大的灵活性。其次，木架构结构有利于防震、抗震。其类似于今天的框架结构，由于木材的特性，所用斗拱和榫卯又都有若干伸缩余地，因此在一定程度内可减少由地震带来的危害，“墙倒屋不塌”形象地表达了这种结构的特点。除此之外，木结构也使建筑造型更加优美，尤以屋顶造型最为突出。

（2）建筑装饰

中式建筑装饰包括彩绘和雕饰。彩绘具有装饰、标志、保护、象征等多方面的作用。油漆颜料中含有铜，不仅可以防潮、防风化剥蚀，而且还可以防虫蚁。色彩的使用是有限制的，明清时期规定朱、黄为至尊至贵之色。彩画多出现于内外檐的梁枋、斗拱及室内天花、藻井和柱头上，构图与构件形状密切结合，绘制精巧，色彩丰富。明清时代的梁枋彩画最为瞩目。

雕饰是中国古建筑艺术的重要组成部分，包括墙壁上的砖雕、台基石栏杆上的石雕、金银铜铁等建筑饰物。雕饰的题材内容十分丰富，有动植物花纹、人物形象、戏剧场面及历史传说故事等。

▲ 彩绘

▲ 雕饰

（3）空间与布局

中餐厅设计的平面布局一般可分为两种类型——以宫廷、皇家建筑空间为代表的对称式布局和以江南园林为代表的自由与规则式相结合的布局。这两种布局都有自己的特色，宫廷式看起来严谨、奢华，江南园林式则看起来柔美、随意、毫不拘谨，无论是哪一种都让人感受到中华文化的魅力。

宫廷式空间布局采用严谨的左右对称方式，在轴线的一端常设主宾席和礼仪台。这种布局空间开敞、场面宏大，显得隆重热烈，适合于举行各种盛大喜庆宴席。与这种布局方式相关联的装饰风格与细节常采用或简或繁的宫廷做法，给人以严谨、高贵的感觉。

园林式空间布局采用自由组合的方式，将室内的某一部分结合休息区域处理成小桥流水的意境，而其余各部分则结合园林的漏窗与隔扇，将靠窗或靠墙的部分进行较为通透的二次分隔，划分出主要就餐区与次要就餐区，以保证某些就餐区具有一定的紧密性，满足部分顾客的需要。这些就餐区域的划分还可以通过地面的升起和顶棚的局部降低来达到处理效果。

▲ 宫廷式布局

▲ 园林式布局

①空间层次

空间中的层次多用隔窗、屏风来分割，用实木做出结实的框架，以固定支架，中间用棂子雕花做成古朴的图案。门窗对确定中式风格很重要，一般用棂子做成方格或其他中式的传统图案，用实木雕刻成各式题材造型，打磨光滑，富有立体感。

▲ 中式隔断与纵深层次

②重视流线设计

中餐厅的服务流线应避免与客人通道交叉。许多酒店将贵宾包间设在大堂空间内，这很不科学，一方面进出包间的客人会影响大堂客人的就餐，另一方面对包间客人也无私密性可言。所以分设包间及大堂餐厅的入口非常有必要，设计中要尽可能考虑这一因素。

服务通道与客人通道的分开也十分重要，特别是包间区域。过多的交叉不仅会降低服务的品质，而且还会给清洁与卫生带来很大的不便，不利于地毯等硬件设施的保养，高水平的设计会将两个通道明显的分开。

③注重保护客人的隐私

在餐厅中，最好不要设计排桌式的布局，那样一眼就可将整个餐厅尽收眼底，从而使得餐厅感觉毫无档次，空间乏味。目前流行的方式是通过各类玻璃、镂花屏风将空间进行组合，不仅可以增加装饰面，而且又能很好地划分区域，给客人留有相对私密的空间。

包间的门建议不要相对，应尽可能错开；桌子不要正对包间门，否则当其他客人从走道路过时，一眼就可将包间内的情况看得一清二楚；备餐间的入口最好要与包间的主入口分开，出口也不要正对餐桌。

④重视通风及排烟

餐厅大堂与包间都需要有良好的通风及排烟。部分餐厅一进去就闻到一股烟味、酒味、霉味，以及各种菜肴的混合味道，其问题就在于通风不畅。这一问题由多种因素造成，厨房负压不够是常见的问题之一，增加负压可避免厨房油烟及菜味的溢出，还可避免整个餐厅通风的串味。

⑤营造文化氛围

餐厅装修设计师结合当地的人文景观，通过艺术的加工与提炼，创造富有地方特色的就餐环境，对于客人来说是具有相当吸引力的。一些餐厅、包间的装修风格与所取名字不相协调，给人一种莫名其妙的感觉。因此，设计时就应考虑到餐厅及包间的主题，而不是等装修结束后再来考虑。高雅的文化氛围还可通过艺术品和家具来体现，这是需精心设计方可达到的，切不可由业主方随意布置。

2. 软装配饰

中国传统的室内设计融合了庄重与优雅的双重气质。中式风格更多利用了后现代手法，把传统的结构形式通过重新设计组合以另一种民族特色的标志符号出现。而如何运用现代手法去诠释中式的传统文化，经过多年的摸索与研究，最终采用中式文化的“神”和中式风格的“意”来诠释中式理念。艺术设计作为一种文化，和民族文化密不可分，它们相互融合，又相互体现。

（1）家具

中式家具表达的是对清雅含蓄、端庄大气的东方式精神境界的追求，空间的环境营造并不是简单的家具堆砌，而是对自己内心需求渴望的归纳表述，就像首经典的老歌，在每个流动的音符中蕴含深深的韵味，只有细细品味，才能悟出哲理。

明式家具主要看线条和柔美的感觉，清式家具主要看做工。无论是明式还是清式家具，都极其讲究左右对称，并且具有收藏、养生以及艺术的价值。传统意义上的中式家具取材非常讲究，一般以硬木为材质，如鸡翅木、海南黄花梨、紫檀、非洲酸枝、沉香木等，此类家具成本较高、价格昂贵。随着现代人审美需求的改变，市面上的现代中式家具摒弃了传统家具繁杂的制作工艺和各种精细的纹路图案，只象征保留了其意境和精神。

①官帽椅、圈椅

传说“官帽椅”是由于像古代官吏所戴的帽子而得名，从造型侧面来看，扶手同帽子的前部相似，椅背同帽子的后部相似。圈椅则是一种把靠背和扶手连在一起、顺势而下的圆形靠背椅，造型符合使用者要求，方便人们得到更好的休息。

官帽椅和圈椅均是明式家具的代表作，在整个中式风格装饰中起着重要作用，其造型合理、线条简洁，至今为现代人所喜爱。两椅一几的摆设放在客厅、书房等地，淳朴、沉稳气息扑面而来。

▲ 中式官帽椅

②条案

条案在古代多作供台之用，大型的有3~4m长，逢年过节时方便烧香拜祭。而在现代餐饮空间中，一般将之放在走廊、过道等处，台上适度摆放一些工艺品或花艺，起引导视线的作用。在一些较小的空间，也可以将条案规格改小，当作风水玄关，衬托出和谐、庄严的气氛来。

▲ 中式条案

③屏风

典型的中式空间相当讲究“隔断”，而这种隔断，目的并不是真要把空间切断，而只是一种过渡、一个提醒、一种指示，就如屏风、博古架等，不但“隔而不断”，还具有很强的装饰性。屏风主要由挡屏、实木雕花、拼图花板组合而成，手工描绘的花草、人物、吉祥图案，色彩强烈，配搭分明，在现代餐饮空间中，常常用来分隔空间。

▲ 中式屏风

（2）宫灯

宫灯，顾名思义是皇宫中用的灯，故又称宫廷花灯。宫灯是中国彩灯中最有特色的手工艺品之一，以雍容华贵、富有宫廷气派而闻名于世，其精细、复杂的装饰，充分彰显出帝王的富贵与奢华。正统的宫灯造型有八角、六角和四角的，图案内容多为龙凤呈祥、福寿延年、吉祥如意等，在现代中式风格装修中使用也越来越多。宫灯是古典味道很浓的装饰元素之一，既能满足照明需求，也能装饰室内空间。

▲ 古典宫灯

▲ 金漆木雕瑞兽图花板

（3）装饰品

中式配饰擅用字画、古玩、卷轴、盆景、精致的工艺品加以点缀，彰显主人的品位与尊贵。木雕画以壁挂为主，具有文化韵味和独特内涵，体现中国传统装饰文化的独特魅力。

①花板

古木雕花板曾广泛应用于古建筑、旧民宅和老家具上，它凝结着中华民族千百年能工巧匠的高超造诣和艺术风格，在明清时期达到登峰造极的地步。

明清家具门板、栏杆等常镂空或雕刻花纹图案，通称花板。花板形状多样，有正方形、长方形、八角形和圆形等。雕刻内容多姿多彩，传统吉祥图案几乎都能在花板上找到，特别是四块长方形花板组合在一起，形成一幅完整图案的装饰，挂在沙发、电视地柜上方，更加点缀出一份古朴与典雅。

▲ 北宋郭熙的《早春图》

②国画

国画是中国传统绘画艺术，蕴含了中国的传统文化精神，培养了中国人的审美和价值取向。国画一词起源于汉代，汉朝人认为中国是居天地之中者，所以称为中国，将中国的绘画称为“中国画”，简称“国画”。作为汉族的传统绘画形式，国画是作画于绢或纸上的，工具和材料有毛笔、墨、颜料等。中国画在内容和艺术创作上，体现了古人对自然、社会及与之相关联的政治、哲学、宗教、文艺等方面的认知。中国画本身具有很强的装饰性，加之独特的艺术绘画语言，将其潜移默化地融入到餐饮空间设计中，能大大增强室内中式文化的厚重感。

③书法

书法是中国特有的一种文字艺术表现形式，是文化精髓，亦是一种精神形象。它能将人的情感细腻而生动地融入作品之中，作品本身的款式、字体、色调等，是对室内环境风格的进一步强化。传统中式风格的特点是庄重与优雅相结合，常用一些书法作品营造高雅的文化气氛，同时也丰富空间层次，陶冶情操，具有较高的欣赏价值。书法装饰画融合了传统文化与环境艺术的精髓，较能满足当今社会人们的审美需求，在传承传统艺术的同时，在设计领域也得到较为广泛的运用。

▲ 东晋王羲之的《兰亭序》

④中国结

中国结是一种中国特有的手工编织工艺品，图案源于生活中的编制艺术，有着淳朴的艺术样式，凝聚了中华民族几千年的智慧精华，也传承了华夏民族特有的艺术精神。中国结代表着团结、幸福平安，特别是在民间，经常作为亲友间馈赠的礼物和个人随身饰物。

餐厅的装饰品摆设，也经常可以见到中国结的身影。将传统文化元素与现代设计法则相结合，这样的空间，既有传统文化的内涵，又能体现国际化语言和手法的新理念。真正的中国味不是停留在表面，而是要讲求神似、追求意境，以现代人的审美需求来打造富有传统韵味的空间。

▲ 随处可见的中式编织

⑤古玩

在中国的室内设计史上，古人积累了丰富的陈设经验，他们追求精致、典雅的生活，具有较高的艺术品位，一方面喜欢收藏、玩赏，另一方面又把古玩作为室内陈设的一项重要内容。古玩陈设能增强室内环境的雅致气息，设计的主要原则是要把古董作为一个设计元素自然地融入室内，没有突兀的感觉。

现代的古玩陈设一般要注意这样几点：首先，要弄清古玩的内容与空间功能是否相吻合；其次，要考虑造型形式与室内设计风格的协调性。另外，古董堆砌太多会使室内环境的明度下降，暗调的空间会给人一种压抑感。

古玩陈设作为中国传统的一项室内设计内容，能够增长见识，丰富我们的精神愉悦度。随着物质和文化水平的不断提高，爱好收藏古董的人越来越多，古玩的类型也越来越丰富，这就要求设计师设计出更丰富、更新颖的陈设形式以满足社会发展的需要。

▲ 精致的中式古玩

⑥瓷器

中国是瓷器的故乡，瓷器的发明是汉族劳动人民对世界文明的伟大贡献，在英文中，“瓷器（china）”与中国（China）同为一词。陶瓷作为一种兼具传统与时尚的装饰元素，被广泛运用于室内空间装饰上，具有很强的文化性和艺术性。它作为一门独特的艺术形式，存在于人们的日常生活之中，和其他艺术门类一样，都是在传统、创新和继承中发展起来的。

作为陶瓷本身，其蕴含着两种品质——一是庄严典雅的气度，二是潇洒飘逸的气韵，而中国传统空间设计也力求表达特定的情感意境，以达到传情达意的精神境界。因此，陶瓷元素与室内空间设计两者之间存在着情感方面的关联，将陶瓷文化的精髓转化运用到室内空间设计之中，这是对传统文化传承最好的手段及方式。

▲ 景德镇陶瓷

（4）色彩

中式风格装修历来擅长以浓烈而深沉的色彩装饰室内，比如墙面喜欢用深紫色或者接近黑色的红，地面采用深色的地板或者木饰，天花板也是深色木质吊顶搭配淡雅的灯光。中式风格装修的特点是端庄、优雅，富有内涵，其基调和色彩都是比较鲜明的。

色彩在中式建筑文化中也是一种象征“符号”，比如明清时代的皇家建筑，其基本色调突出黄、红两色，黄瓦红墙成为基本特征，而且黄瓦只有皇家建筑或帝王敕建的建筑才能使用。

▲ 水韵墨章的魅力

▲ 黑白世界的智慧

▲ 黄色是皇家专用色彩的象征

▲ 浓艳之中渗透着历史遗香的红墙黄瓦

案例解析

项目名称 **新大陆中国厨房**

设计单位
美国 Remedios Siembieda Inc. 设计

Remedios Siembieda Inc. 的设计特质

- 空间设计并非对已有风格进行模仿，它是一个可以为不断发展创造能量的系统，这种能量产生于共有空间聚集时人们的综合感受。
- 室内设计不追求表面的奢华，装修格调与其说是时尚，不如说是永不过时的优雅与细致。
- 将高端奢侈服务浓缩于怡人的环境，是一种生活方式，只有热爱生活的人才能领悟创作的本质。

传统典雅的环境，明亮舒适的自然光线，别具一格的巧妙装饰，烘托出新大陆中国厨房别具韵味的用餐氛围。

菜肴以上海、杭州、北京传统家常风味为主，在轻松舒适的环境中呈现愉悦的美食体验。在纯正中国餐饮中完美注入了西方饮食元素，更有多款精选葡萄酒和中国茶。

深蓝红葡萄酒配有黑树眼镜蛇醒酒器，由玻璃制造世家第十一代传人 Maximilian Riedel 所设计，当深蓝红葡萄酒流过瓶身的每个拐点后，就会获得传统底座的醒酒瓶花数小时才能得到的醒酒效果。脆皮烤鸭、美酒、醒酒器，三者合一的创新搭配带来了意想不到的乐趣，飘漫着抵挡不住的香气。

餐厅利用独特的布局，为宾客呈现一系列最地道的中国地方菜式，引入“开放式厨房”的概念，集合了各式各样的美食，有江南富贵鸡、金牌扣肉等，推崇桌边烹饪，在现场展示精湛技艺的同时，奉上中式传统佳肴——老北京果木烤鸭，并在餐桌边的开放式厨房现场烹饪，为您献上手工制作的美食，邀您体验全新的味觉之旅。

项目名称 # 上海四季酒店尚席餐厅

设计单位
香港 AB Concept 公司

AB Concept 团队的设计特质

- 摒弃虚浮装饰，擅长利用鲜明的逻辑概念和艺术技巧创造精致、典雅的设计。
- 把关设计的每个环节，从外观、建筑形态到室内装潢，每一个作品都凸显一致的设计理念，缔造出触动人心的空间体验。
- 独特的建筑美学及度身创作的细节处理彰显于每一个设计项目之中，对细节的执着和认真，演绎出极致的美学品位。

屡获殊荣的建筑及室内设计公司 AB Concept，以缜密细致的设计理念及新古典主义的建筑风格，为上海浦东四季酒店精心打造出备受瞩目的高级中式食府——“尚席”。此项设计更摘得 2014 年度福布斯旅游指南中国最佳中餐厅的设计大奖。

接待区毗连落地大镜门，并以清雅的米色仿皮打造，映衬黄铜及翡翠饰品，充分展现“尚席”的高雅主题。踏进餐厅，以马赛克铺设的走廊豁然开朗，墙身手绘的丝绸墙纸令人眼前一亮。嵌入式天花参照寓意富贵吉祥与长寿祥和的云海及蝙蝠图案而建成，与餐厅整体气氛相互呼应。

为缔造“尚席”如家一般的亲切氛围，AB Concept团队特意创造出相连的游廊和壁凹，穿梭于各个私密的宴会厅之间，构成和谐一致的尊贵格局。

“尚席”的设计流露出设计师洞察敏锐的空间感，展现全新视角。设计以上海独特的历史为蓝本，将法租界区盛行的上海新古典主义风格与中国传统元素完美融合。

“尚席”设有 5 间尊贵私密的贵宾宴会厅及 1 间可容纳 22 位宾客的豪华用餐区，以中国传统文化为设计概念，力求将珍贵宝石的色泽及特质呈现于各包房之中。

餐厅以优雅设计散发沪式华丽典范，全新演绎新古典主义风格。在特高楼顶的天花衬托下，铜漆色饰面及室内的大理石陈设尽显欧式瑰丽气派。以中国元素为特色的主题装饰，亦为餐厅增添东方美学气息。装饰艺术风格的家具摆设亦传递出设计师对典雅的不懈追求。

从走廊延伸而至的用膳空间各有不同设计特色，分别以“虎眼石”“珍珠”“琥珀”“玛瑙”“翡翠”及“紫玉”六种珍贵宝石命名。以传统的吉祥象征及珍贵宝石为灵感，每个区域又以独有的主题色调及设计理念为特色。包房内的门墙、家具等其他设计均与其专属的主题宝石相匹配。

“虎眼石”乃最为宽敞的用餐区，亦为食府内唯一对外开放的区域，最多可容纳 22 位宾客。房间采用全落地玻璃窗，令宾客尽览迷人的上海景致。古典设计别致精巧，其中高耸的房门、彩云式样的吊灯，加上大理石柱、绣花地毯，丰富了整个餐厅的高雅格调。

“珍珠”宴会厅运用色调朴实的原木材料，衬托质感丰盈的天鹅绒面料及亮紫色调，格局鲜明又融为一体。华丽的 10 人餐桌及卧椅端放在落地大窗前，加上勾勒出鲜明间隔的灯光照饰，凸显出瑰丽堂皇的艺术气息。

酒店里的顶级私厨专属晚宴，席间将融入中国传统茶道、琵琶乐器的表演，旨在让食客们享受舌尖奢华体验的同时，再现中国五千年的饮食文化精髓。

尚席餐厅的掌管厨师蔡港文认为，“我国的食客常常以色、香、味来评定美食，这是我们的传统所遗留下来的。但是随着更多国外文化的影响，我们对事物的要求也更高了，餐厅已不能单单依赖于过分包装的概念而生存。”

项目名称 **大蔬无界·外滩美素食馆**

设计师 荣朝晖

荣朝晖的设计特质

- 将中式园林符号呈现在空间设计中，实现厅、廊之间的穿梭和空间转换，展现空间的多变性和不确定性，表达时间和空间的分离感。
- 设计一方面追求宁静的自然状态，另一方面也希望建筑富有情趣。
- 更加宏观地关注空间的质感，注重空间体验。
- 拙朴、自然的元素用现代方式表达，是对传统的一种再创造。

在上海外滩万国建筑群中创作一个现代的餐厅，对建筑师而言可谓是难得的机缘。外滩的万国建筑群凝聚有很强的多元文化，它象征着权力、金钱和地位，建筑本身就是多家银行、证券公司和保险公司的总部所在。

墙体使用红砖，给人以温和、亲切的质感感受。砖文化所表达的是一种亲民气质，感觉就像邻家的那栋小楼。它的存在，使得整个外滩的表情更加亲民。

狭长的空间具有再创造的可能性，如何令长条形的空间更加有趣，以及如何将走廊和内部空间完整结合是设计的难点。设计师以传统造园的方式来设计餐厅，将一个狭长的空间化解成廊道，如同一个小小的园林餐厅的感觉，空间里设置有诸多的小景，如广场、抽象的亭等。

为与建筑外观协调，将砖质材料引入到餐厅内部空间，以质朴的灰砖拼接成复古的走道，引领客人就餐，同时也起到了分割空间的作用。

为了配合空间色彩的灵动性，桌椅设计追求简约流畅的线条，沉稳的原木色泽给人朴实、简洁的感受。不同区域的椅子，选择不同颜色的坐垫，米白色、黄色、咖啡色，在划分空间的同时，也依此来营造不同的氛围。

入门处的陶土砖墙，制作过程非常繁琐，需要人工砌筑，最终形成一种渐变的韵律。就设计层面而言，此墙也是一处呈现节气变化的景点。墙上设有一景窗，景窗上可用画的形式来呈现季节变化，同时地面用石子拼出汉字，每个节气更换一次，带给客人不一样的心灵感受。农耕文化对传统食材的意义直接地体现出来，用现代语言表达出农耕时代人与土地、人与自然的关系，传递一份本源的感受。

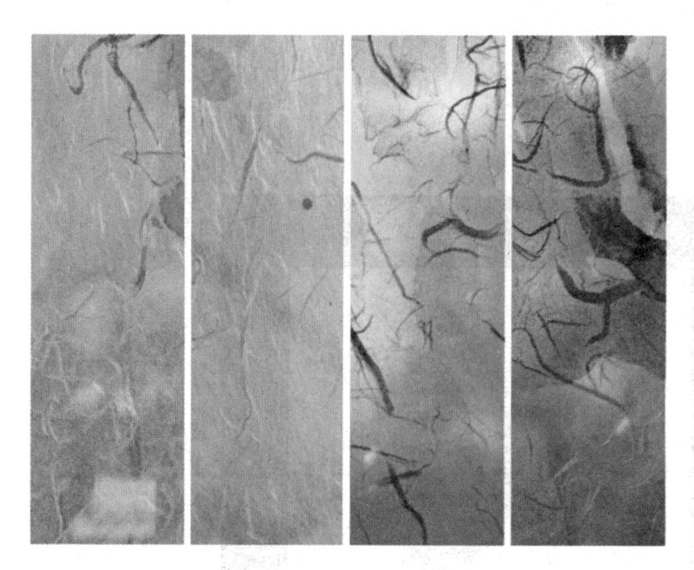

餐厅内的装饰画材质选择了传统的“云龙纸”，以抽象的手法表达出“春、夏、秋、冬”的自然意境。绿色和嫩绿色代表春、夏，黄色代表秋天，白色和蓝色则代表冬天，通过这样的方式将自然中的树木和山水带入餐厅之中。

亚克力的片状结构增添了整个灯饰的朦胧感，打造出中国传统“灯笼”的效果。亚克力材质透明而又空灵，似有若无，古朴不失精致，用古典的元素进行现代表达，与木制的格栅效果相得益彰，也很融合整个装修风格。

餐具的设计采用了方和圆的符号拓展出4个系列——圆中圆，圆中方，方中圆，方中方。方和圆是简单的几何图形，组合起来有符号的代表性，同时也兼具实用功能。

盘子反面有很多波纹，波纹设计具有几个功能——防滑、防烫，不易破碎以及防磕碰。就形式而言，这套餐盘正面作为一款菜品的衬托，简约大方，没有太多的修饰感；把盘子反过来陈列在一起的时候，又是非常漂亮、精美的艺术品。不同的几何造型，按照一定规则排列在一起，看上去会觉得像一幅油画或是装饰画。

厨师关注盘子的器材、造型，考虑如何与自己的菜品搭配，餐具是厨师的画布；服务人员更关注上菜过程中餐具是不是防滑，抓起来是否实在；客人关注的是全部的菜品呈现在桌上的视觉感受；而清洁餐具的人员，则关注是否更容易清洗、方便清洗，有无死角。厨师和客人在这儿的区别，就如同一个是画家，一个是到美素馆欣赏艺术作品的观众，这两类人都在关注美，但出发点是不一样的。就是这些不同的感受，却有着相同的关怀，通过餐具这种实物联系在了一起。

大蔬无界的特别之处在于，厨师会把原料当颜料，把刀铲当画笔，把餐盘当画布，不讲话的时候，像演一出默剧，优雅而独立……就算是一道再简单不过的菜，也能把它做成最美好的样子。

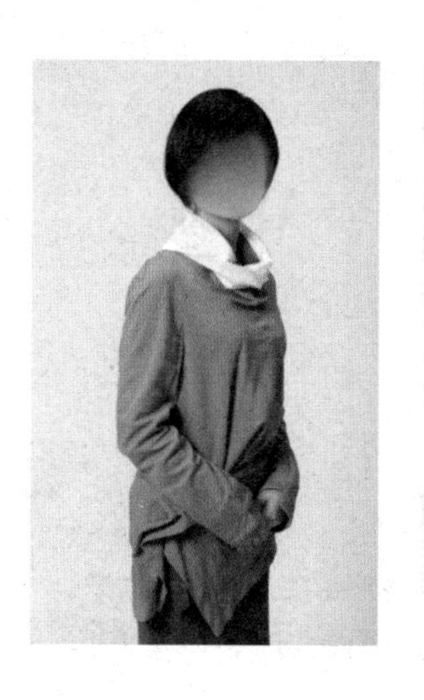

餐厅把素菜的概念放到更大、更哲学的层面，抱着虔诚的态度践行着饮食与传统文化的整合工作，并以传播为己任，通过美好的食物传递出文化的精髓和自然的生活态度。

从菜品的名称，挑选食材的过程，食材背后的故事到美食课堂的互动，定期的文化讲座，与各类专家的合作……这些都远超出了食物本身的意义。中国古人讲究天人合一，重视人与自然和宇宙的平衡关系，设计也当如此——环境、服务人员、美妙佳肴，缺一不可。

餐厅服务人员的服装款式采用柔和飘逸的形式，用色与环境色彩相吻合，选用了不同明度与冷暖的灰色调，材质也以天然纤维面料为主，其柔和质感所释放的自然气息与餐厅主题相呼应。衣服的亲切感、包容力与服务相契合，是餐厅服装设计的初衷。

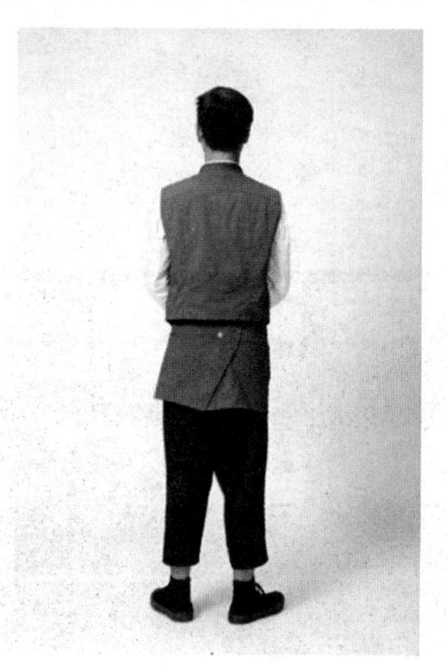
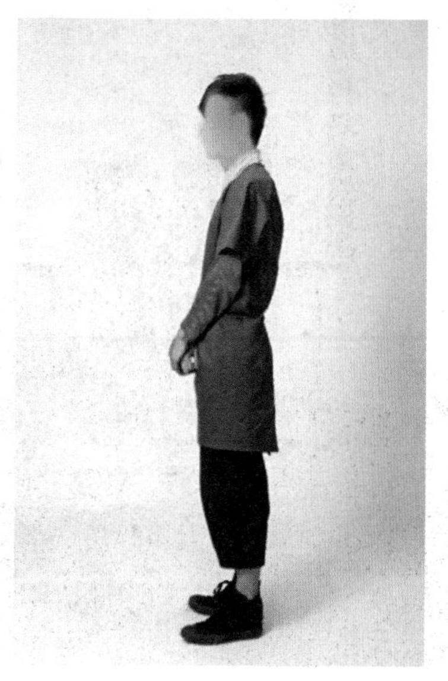

项目名称 **涵碧楼**

设计师 Kerry Hill

Kerry Hill 的设计特质

- 利用视觉凝聚的表现形式凸显主题，水、光与影的联动产生建筑投影的效果。
- 在建筑中融入人、园艺、气候等因素，并考虑彼此间相对应的关系。唯有融入当地环境，才堪称设计上的极致。
- 材料尽量就地取材，既节约运输成本，又为日后维护保养提供便利。

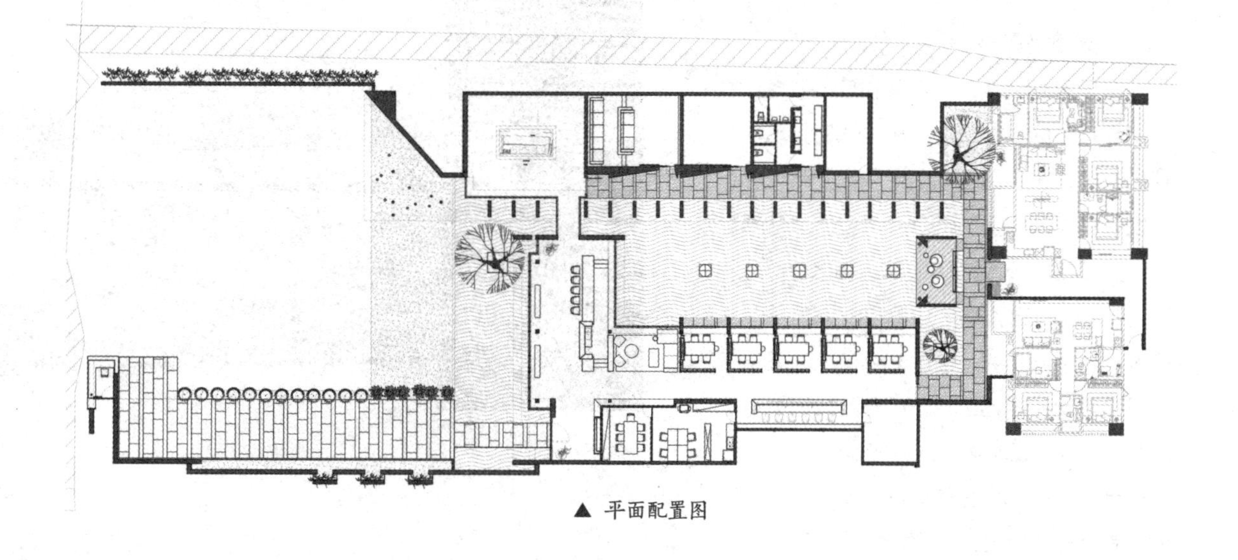

▲ 平面配置图

涵碧楼是 Ongoing Style 的建筑形式，意即“前进式”的独特风格，这样的建筑风格即使历经多年也不会觉得老旧，仍然充满艺术价值。建筑以极简和禅风为设计核心，由木头、石头、玻璃和铁四大建材编织而成。

涵碧楼坐落在日月潭的涵碧半岛上，阅尽湖光山色，只有亲临其境，方能感受其中的“妙景”。所谓“但觉水环山以外，居然山在水之中”，俨然一处世外桃源之地。

由知名的顶级饭店建筑大师 Kerry Hill 所设计的涵碧楼，强调自然、艺术的设计风格与精致、时尚的体验。面对日月潭碧绿的湖光山色，浑然天成的景致有如美丽的山水画映入眼帘。

当阳光初升，照在建筑物上，走道上的光影就有了变化；遇到雨天，日月潭湖面薄雾笼罩如纱，飘来飘去，当地人称此为“水沙连”，你会感觉犹如置身泼墨山水画之中，这是不同的两种意境。

夕阳西下，窗外的优美景色谢幕退场，换上建筑主体的魅人光影上场演出，夜晚的涵碧楼似乎比白天更为迷人。涵碧楼的灯光设计由国际知名灯光设计师 Nathan Thompson 操刀，这位擅长利用凝聚视觉、凸显主题和投影效果的设计师，特别配合了饭店玻璃门与木条隔间的透光设计。

玻璃门与木条隔间的透光设计，一方面利用自然光源的强弱变化，一方面搭配特殊设计的灯光效果，使空间依不同时间、场景出现 7 种不同的光影变化，且所有光线都采用间接反射光源，投影至林间、水面、廊道之中，客人们可随时体验极具美感的光之演出。

在涵碧楼，你眼睛所见、鼻息所闻、嘴巴所尝、身体所触、耳朵所听、内心所感，无一不是美的极致。饭店依日月潭的地形环境所建，三面环湖，视野绝佳；材料采用原木、花岗石、玻璃和钢铁，以灰色及木色为基调，一花一草、一几一凳，都与自然有着呼应，呈现出中国泼墨山水画的意境。

想看日出，不用出门找，只需打开窗户，等待第一道曙光出现。此时，湖面寂静无声，耳边有蛙鸣。整幢建筑以水平和垂直线条为设计符号，水平线条呼应湖面，垂直线条呼应山峰，再以两者的交错变化来辉映日月潭山水交融的意趣。

不同的装饰材质通过设计师的巧思，融合在一个空间里，达到平衡与和谐。至简的餐具陈设与花艺，凸显出浓浓的禅意。

明清家具、盆栽、石狮雕塑、鸟笼的运用，使中国风在这个小小的空间得到了充分的展现。

泰式餐饮

泰国古名暹罗，是东南亚国家中历史古迹较多的国家，泰国中的泰族也是世界上古老的民族之一，具有深厚的文化传统。

泰国是世界著名的旅游胜地，是庙宇林立的千佛之国，拥有异常丰富的旅游资源。泰国居民大部分都具有虔诚的宗教信仰，民风淳朴和善、待人热情真诚，自然风光和人文景观十分优美，物价较低，是旅游度假的天堂。

泰国受到多国文化的影响，同时还与宗教息息相关，国内大部分人都是虔诚的佛教徒。于是，人们的社会观、艺术观，以至于饮食观，大多是建立于佛教文化的基础之上。它大量吸收了外界的事物，发展成为泰国特有的文化。

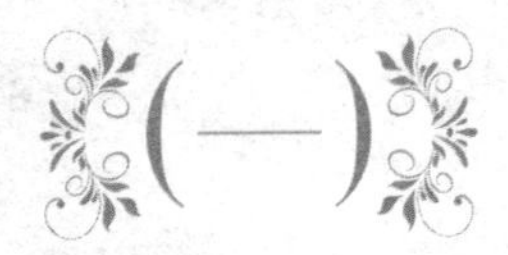

泰国饮食文化

泰国的饮食文化是泰式文化中的耀眼一葩。在泰国，上至早期的皇室，下至人民日常的生活，都与宗教息息相关。泰国人大部分都是虔诚的佛教徒，所以泰国人的餐饮观念，大部分都是基于佛教文化的基础上，以一种平和、活泼而不失庄严的特质，丰富着泰国的文化。泰国的食物以酸、甜、辣而闻名世界，取材质朴。

泰国的饮食是融合了各族群的特色，而衍生出一种全新的料理风格。因此，就泰国菜的调味方式而言，无疑是脱胎自南洋菜系的，但也有部分的料理手法十分中国化。由于几千年来与印度、中东地区以至西班牙等欧洲国家通商，泰国接受外界文化的包容力极强，并随即反映在饮食上。就算同样是移民文化的饮食，由于长时间的潜移默化，泰国菜将这些

▲ 泰国大皇宫

外来的饮食概念融合在一起，并且变成一种纯粹的当地美食，因此泰国菜能从一种地方料理，转变成一个国际所能接受的菜系，其主要原因应该是在于它的包容和转化能力，让菜肴能够既富有特色又能获得不同口味人种的认同。

▲ 泰国芒果

泰国是礼仪之邦，饮食也有它的风俗特色，和谐是每道菜所遵循的原则。独具魅力的泰式烹调实际上是由几百年历史的东西方文化影响有机结合在一起的，它们形成了独特的泰国饮食，并且多元化。

泰国的地形得天独厚，而首都也是沿着湄公河而建的城市，那里除了湄公河的灌溉之外，还有印度洋的海风吹拂，这更让泰国一年四季都盛产丰饶的作物，因此泰国也有着“亚洲三大谷仓之一”的美誉。 泰国的饮食在保持传统民族风格的基础上，又明显受到外来饮食文化的影响。传统的泰国饮食具有明显的平民风格，原料以本地之水产、蔬菜、水果和特色调味品为主，烹制方法则以炖、焖、烤为主。由于泰国信奉佛教，食肉较少，在烹调时很少有大块肉食出现。

▲ 泰国榴莲

1. 泰国四大菜系

泰国菜有四大菜系，分别为泰国南部菜、泰国中部菜、泰国北部菜与泰国东北菜，反映泰国四方不同的地理和文化，而各地使用的食材都与其邻近的国家有很多相似之处。

类别	文化特征	代表菜式
泰国南部菜	泰国南部以优美的海滩及度假胜地出名，拥有知名的美食，尤其附近海域的海鲜丰富，包括海洋鱼类、龙虾、螃蟹、乌贼、贝类、蛤蜊等。 当地的特色，取及邻近马来西亚菜多用的食料，如黄姜等。调味料较浓，有时候带酸，著名的菜式有泰式黄咖喱菜式、鱼咖喱等。	 黄咖喱虾
泰国中部菜	泰国中部是泰国传统的心脏地带，围绕着湄南河的肥沃平原，发展出许多知名的泰国佳肴，最早主要以丰收的米食和新鲜的鱼类为主，本土种植的大蒜、盐、黑胡椒及制作的鱼露也是重点的辅料。在大城王朝统治的后期，又加入了更多复杂的原料，其中最重要的包括当时从南美引产的辣椒，其他主要产品包括香菜（胡荽）、莱姆及番茄等。 泰国中部以首都曼谷为中心，也是鱼米之乡，蔬菜、水果茂盛。食料较新鲜，调料通常较甜，著名菜式有冬阴功汤（泰国著名的酸辣汤）、椰奶汤等。	 椰奶汤
泰国北部菜	泰北与缅甸为邻，山峦层叠的高山地势让这里与其他地区完全隔绝，一直到19世纪才受曼谷的统治。在经历曾被缅甸及大城王朝统治过的时代后，泰北发展出的特有文化，与其他地区明显不同，不仅在语言及习俗上，也包括了饮食。 不像中部居民喜爱香软米饭，泰北居民喜欢各种糯米饭，传统上他们会将糯米饭用手揉成小圆形，再搭配各种酱汁的菜一起吃。北部的咖喱味道一般比其他地区来得温和，此外，当地还有许多特产，包括美味的水果，如许多果园都种植有龙眼及荔枝。	 芒果糯米饭
泰国东北菜	泰国东北部是属高低起伏的高原地形，一直延伸到湄公河。泰国东北部对一般人而言或许比较陌生，它占了泰国总面积的1/3，有许多历史遗迹及独特的文化和饮食。泰国东北部的居民喜欢重口味的食物，许多热爱泰国烹饪的行家将一些经典的泰国东北菜列入他们喜爱的创意之中，包括辣猪肉或鸡肉沙拉以及烤鸡。淡水鱼和虾也颇受欢迎，常以药草和香料来调理。和泰北一样，泰国东北居民也喜欢糯米饭，有时会做成甜口味的糯米饭，是每一道菜的主食。	 鸡肉沙拉

2. 经典泰国菜

名称	文化特征	代表图片
冬阴功汤	冬阴功汤是一道泰国名汤，为典型的泰国菜。在泰语中，“冬阴”指酸辣，“功”即是虾，合起来就是酸辣虾汤了。冬阴功汤是将辅料放入桶中煲至出味，而后放入大头虾、鱼露、草菇、花奶、椰汁等一起炖煮而成。此汤以色泽全红、汤味馥郁可口、辣度十足的为佳。	
青木瓜沙拉	这道奇异的菜品属于味蕾的分水岭，有些人百吃不厌，有些人则无从下口，实在是泾渭分明。在不同的地区，这道菜的口感也会不一样，有些地方会依据喜好，放入花生、干虾和腌蟹。不过也正是因为这样的出其不意，此款沙拉也吸引着大量的新食客。	
辣牛肉沙拉	热情的牛肉沙拉中混搭洋葱、香菜、绿薄荷、柠檬、干辣椒和细嫩的牛肉条。它完美体现了所有泰国沙拉的清爽口感，尽显泰式牛肉沙拉的美味。	
泰式炒饭	此款炒饭中融鸡蛋、洋葱，外加一点香草，通常还搭配一点柠檬或黄瓜片，不多不少，恰到好处。其秘诀就在于那份朴素无华的简单。	
油炸罗勒猪肉	油炸罗勒猪肉是适合午餐或正餐的流行菜肴，是人气最高的泰国菜品之一。大多数泰国人会将这道菜浇盖在米饭上，并放上大量辣椒。	
腰果鸡肉	此道菜肴十分可口，而且简单美味、略显清淡，但仍是纯粹的泰国味道。	

（二）

泰式餐饮的特点

1. 独特的调味料

泰国的主要调料大都来自大自然，很少经过工厂加工，这样一来反倒减少了调料中的添加剂对人体的危害。泰国菜以酸、辣为重，大凡首次品尝泰国菜的客人都会觉得泰国菜的调料很独特，感觉很多调料都是东南亚地区甚至是泰国所特有的。

泰国的主要调料有泰国柠檬、鱼露、泰国朝天辣椒和咖喱酱。泰国菜注重调味，常以辣椒、罗勒、蒜头、香菜、姜黄、胡椒、柠檬草、椰子与其他热带国家的植物及香料提味，辛香甘鲜，口味浓重，别具一格，以各种风味蘸料伴以泰国美食，更演化出多重滋味。带辣劲的凉拌色拉、泰式酸辣汤、红或绿咖喱（大多混合了椰浆）、蔬菜、各款烤肉串（牛肉、猪肉与鸡肉拌以米饭或面点），都是具代表性的泰国美食。

▲ 罗勒

▲ 辣椒、咖喱调料

▲ 泰国柠檬

◆泰国咖喱

"咖喱"一词来源于泰米尔语，是"许多的香料加在一起煮"的意思。咖喱起源于印度，是多种香料的结晶。这是源于印度最初肉食时是以膻味极浓的羊肉为主，单一香料不能祛除膻味，故便以多种干香料粉末组合而成的浓汁来烹调，这便是咖喱的来源。

将食物配入香料，除了能增色促香之外，还能促进胃酸分泌，令人食欲大增，更能有利于食物保存。咖喱首先在南亚和东南亚等地传播，到17世纪，欧洲殖民者来到亚洲时把这些香料带到欧洲，继而传播到世界各地，随后结合不同饮食文化而演变出各种不同风格咖喱吃法。食用咖喱的国家很多，包括印度、斯里兰卡、泰国、新加坡、马来西亚、越南等。咖喱在东南亚地区已成为主流的菜肴之一。

泰国是将咖喱这种调味品发扬光大的国家。泰国咖喱鲜香无比，由于当中加入了椰酱来减低辣味和增强香味，而额外所加入的香茅、鱼露、月桂叶等香料，也令泰国咖喱独具一格。红咖喱是泰国人爱用的咖喱，由于加入了红咖喱酱，颜色带红，味道也较辣。泰式青咖喱，由于用了芫茜和青柠皮等材料，所以咖喱呈青绿色，也是泰国驰名的调料，同样鲜美。而市面上所见到的大多为黄咖喱，因此黄咖喱在各种咖喱中最受广大消费者认同，接受度最高，最为驰名。

作为一种延续百年的经典佳肴，咖喱不仅有着独到的美味，更与人体健康有着密不可分的联系。香辛料和食材的有益配比，充分保留食物原有营养元素的同时，也能促进人体新陈代谢的有机循环，有排毒养颜的功效。传统的咖喱文化，掀起了新一轮饮食风尚，希望更多的人在大快朵颐的同时，也能均衡营养，乐享健康生活。

▲ 红咖喱

▲ 青咖喱

2. 饮食结构均衡

泰国是个临海的热带国家，盛产大米、绿色蔬菜、甘蔗、椰子，渔业也非常丰富。因此泰国菜用料多以海鲜、水果、蔬菜为主，主食是大米，副食是鱼和蔬菜。

泰国人对早餐和晚餐相当重视，一般的泰国家庭，主食米饭，副食荤菜、蔬菜及汤。泰国很多饭店喜欢建在水上，尽管中午气候炎热，但晚间却异常凉爽。坐落于水上餐厅，海风习习，五彩缤纷的彩灯倒映在水面，那似有似无的富有民族特色的音乐，使人忘记了疲劳。晚餐丰盛但不奢侈，除了主食、荤菜、蔬菜、汤以外，还加水果及甜食。在这种怡人的环境中品尝精美的食物，确实是有助于全身心的放松。除了正常的一日三餐外，很多泰国人还喜欢不时地加餐，如咖啡、牛奶等各种饮料，饼干，糕点，糖果等，可供选择。

▲ 丰盛的泰式料理

3. 口味特点浓郁

泰国菜以色、香、味闻名，第一大特色便是酸与辣，厨师们喜欢用各式各样的配料（如蒜头、辣椒、酸柑、鱼露、虾酱之类）来调味，煮出一锅锅酸溜溜、火辣辣的泰式佳肴。招牌菜有冬阴功汤、椰汁嫩鸡汤、咖喱鱼饼、绿咖喱鸡肉、芒果香饭等。鱼、虾、蟹都是各餐馆的杀手锏，有炭烧蟹、炭烧虾、猪颈肉、咖喱蟹等层出不穷。泰国菜的口味特点是辛辣，喜欢在菜肴里放鱼露和味精，但不喜欢酱油，不爱吃红烧食物，也不喜欢在食物里放糖。但它有别于印度尼西亚菜或四川菜，因此泰国菜在辣之中还带点酸，这更能刺激食欲。其实泰国菜亦有很多微辣或不辣的菜式，对不嗜辣而又想品尝泰国菜的朋友，就最合适不过了。

▲ 泰式咖喱蟹

4. 包含中国元素

▲ 泰式餐饮中所用的中式餐具

在历史发展过程中，中国的食品和饮食文化对东南亚地区国家产生了深远影响。泰国菜肴中有很多烹饪原料的运用和中国是很接近的。除此之外，从进食的方式和炊具、餐具的使用角度来看，泰国的饮食文化也同样受到了中国“饮食元素”的冲击。

自古“美食配美器”，饮食是离不开盛器的。在中国的陶瓷传入泰国之前，当地人多以植物叶子作为餐具。当中国的竹筷、陶瓷碗碟等进入泰国后，影响了泰国人传统的饮食方式，在进餐时也采用中国式的餐饮器具。饮食方式的改进使当地居民的饮食要求和品位大大提升，生活习俗大为改观，同时也促使泰国人对陶器、瓷器的需求增大，推动了中、泰两国陶瓷贸易的发展。

泰国食品及饮食文化积聚如此众多的“中国元素”，除了显而易见的地缘因素，更重要的还是中、泰两国的历史渊源。在历史的发展过程中，中、泰两国频繁的贸易往来、文化交流以及人口的迁徙都促使泰国食品与饮食文化在保留自身习俗的前提下，不断吸收与接纳中国饮食文化中的优势、先进和有利部分。正是基于这些原因以及文化的适应性，在历史发展轨迹中，泰国的食品和饮食文化才逐渐烙上了“中国痕迹”。

5. 深受佛教影响

▲ 受佛教影响的菜肴——泰国鱼饼

泰国受到多国文化的影响，同时又与宗教息息相关，泰国人往往避免食用大块动物肉，一般大块的肉会被切碎，再拌上香料而食。此外，泰国人是不吃狗肉的，对狗一直关爱有加，可以说这是他们的宗教信仰，不过，也有相传是因为泰国国王曾被狗所救，所以不食。

泰国是现今最具代表性的佛教国家之一，不只信奉佛教，更将宗教的理念落实在日常生活当中。以饮食为例，近年来，泰国菜逐渐风行，而整只的鸡和鱼出现在餐盘里似乎已经不再是忌讳了，但是传统的泰国人是不吃完整的鸡和鱼的，而是要先将其切碎，再进行料理，连酱料也是在这个逻辑下衍生的产物，而泰国的“酱料文化”也就成为了泰国菜的标签。听起来可能有些令人啼笑皆非，但是据泰国人说，他们在制作荤食的时候总是要将所有的菜式烹饪得模模糊糊，像是炒碎肉、鱼饼……目的就是求个心安。如此听来，泰国人还真是单纯得十分可爱。

泰国僧人坚持过午不食的戒条，到了下午，无论在寺院、饭店，都看不到出家人吃饭。当然，有些僧人也吃一些水果或喝一些麦片之类的饮料。不过，午后的僧人是不能出去化缘的，因为这里的出家人都知道这条规定。过午后，饭店也不给出家人提供食品；乘飞机时，服务员也不给出家人提供食物，只供给饮料。在食物方面，南传佛教循小乘戒律，允许出家人食“三净肉”，在托钵乞食过程中，得到什么就吃什么。不过部分北传佛教的寺庙中，出家人坚持着素食，南传佛教的信徒对此也很赞叹，因为他们认为人为坚持素食有极大功德。

6. 用餐礼仪独具一格

传统泰国人的进餐方式，以芭蕉叶盛饭，以手代筷而食。现在泰国人的饮食方式，就座先舀适量的白饭在盘中，再以汤匙将菜肴与饭拌匀，用汤匙以西餐喝汤的方式，由靠身体的内侧向前方舀起，吃完再盛饭。

泰国餐具十分简单，基本餐具为一只汤匙和一双筷子，以及一个圆盘。圆盘用来盛饭，汤匙用来取有汤的菜肴，筷子则用来夹菜。由于菜肴种类较多，所以一般不会一次盛满。因为太多的饭、菜混合在一堆，吃起来会五味杂陈、味道凌乱，也不方便。另外，吃饭时不会为了图方便而将盘子端起来往嘴里送，这样既不雅观，也很失礼仪。

▲ 充满泰式风情的茶具

传统的泰国人通常是席地而坐，人们环坐在垫子上，男子盘腿而坐，女子则跪坐。不过现在的泰国餐厅都是桌椅的座位形式，因此，在用餐方式上与一般的中餐并无差别。如果一同用餐者有长幼或是辈分之分，则由靠近墙壁或是离门最远的座位起依次落座。

上菜没有特定的顺序，常常是所有的菜一起上。米饭、鱼、肉、蔬菜和汤在就餐过程中可以随意先后食用。很少有公共的大勺，每个人都用自己的汤匙舀菜，每一匙菜都在共用的调料碗中蘸一下。泰国人有一个就餐习惯，就是吃饭时每一小口都是一匙，而每一匙都正好半匙米饭、半匙肉或鱼，这就要求食物要切得非常碎。值得一提的是，在泰国，如果可能，每个人事先都要沐浴，但是衣着可以随意。

▲ 席地而坐的泰国餐桌

◆泰国的“康笃”晚餐

▲ 蜡烛舞

泰国北部的清迈有令人难忘的“康笃”晚餐。晚会上的主人和客人都必须穿靛青色的无领上衣，男的腰间还要系一条布料围巾。进入餐厅时，每人还必须脱去鞋子。餐厅里没有凳子，一张小圆桌，即称之为“康笃”。主人进入餐厅后，每五六人围成一圈，盘膝席地而坐，餐具摆在地面上。宴会开始时先喝清凉饮料，而后上饭菜，菜肴都属名菜，饭是糯米饭，放在竹篓中，用手抓捏成团吃。“康笃”晚餐的最大特色在于有民间音乐和舞蹈助兴，客人们一面品尝佳肴，一面欣赏具有浓郁特色的民间音乐、舞蹈。

“康笃”晚餐中常见的舞蹈有“指甲舞”和“蜡烛舞”。“指甲舞”是泰国北部特有的古典民间舞蹈。女演员头戴尖顶金冠，手戴纤细柔长的假指甲，身穿镶满金银饰物的古代服装，在优雅的民乐中，轻移莲步、体态婀娜，令人神驰。“蜡烛舞”顾名思义，是以手持蜡烛翩翩起舞，跳舞时，室内所有灯光瞬间熄灭，只有舞者手中的蜡烛闪耀着烛光，令人有如置身在繁星闪耀的夜空之下，心旷神怡、拍手叫好。

▲ 竹篓中的糯米饭

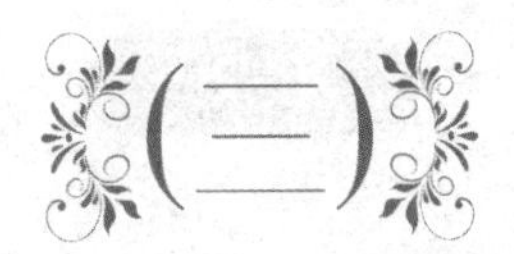

泰式餐饮空间氛围的营造手法

泰国属于亚热带地区，用鲜艳的色彩装饰环境是他们的一贯作风。其风格浓烈，灵感主要来自于热带自然之美和浓郁的民族特色。作为一个连接东方与西方、现代与传统兼容并蓄的独特饮食场所，泰国餐厅的包容性极大，其独特的设计理念吸引人们进店消费、品尝美食的同时，也能体验到独特的泰式餐厅装修环境。

现代泰国餐厅在亚洲传统文化背景下，受西方文化的影响，有走西洋风的倾向，但也保留着东方的色彩，重视细节装饰的设计，有种升华和不可思议的感觉。

1. 整体装饰设计

（1）建筑与园林

泰式餐厅最为突出的设计特点就是用色大胆，采用纯天然的藤条、竹子、石材等材料来进行装饰，凸显一种纯朴自然之美。泰国是典型的佛教国家，宗教因素对建筑和装饰风格影响深远。在曼谷，金碧辉煌的大皇宫与庄严宏伟的玉佛寺具有同样重要的地位与影响力，王朝的威严与宗教的神圣在这里完美契合，同时，丰富而夸张的色彩、纯朴的风格、精致的木雕、贴心的舒适度是泰式装饰的大致风貌。总之，神圣而感性、香艳而神秘，是泰式风格装修的主要特色。

泰国的地理位置处于中国和印度两个国家的交汇点，文化也受到两国文化的相互渗透。泰国号称“黄袍佛国”，主要服务于佛教，其体系受印度的影响，并进一步融合发展，形成独特的泰国文化建筑风格——多层屋顶、高耸的塔尖，用木雕、金箔、瓷器、彩色玻璃、珍珠等镶嵌装饰。佛塔式的尖顶直插云霄，鱼鳞状的玻璃瓦灿烂辉煌，其风格具有鲜明的暹罗建筑艺术特点。

豪华的皇家园林风格，瑞象金壁与水榭曲廊相谐成趣，古木奇石同亭台楼阁相映成景。泰式建筑作为一种古典式

▲ 佛像

▲ 泰国玉佛寺

风格建筑，景观以浓郁的泰式风情营造出与众不同的内环境，柔化了建筑硬朗的线条及带来的压迫感。泰式东南亚风格园林凸显的是一种高贵的品质，彰显着一种松弛、舒适、安逸如世外桃花源般的生活方式和理念。

▲ 泰国大象浮雕

▲ 泰国浮雕窗花

（2）材质

泰国人对佛教的信仰是非常虔诚的，所以在泰式风格的室内设计中，佛像、大象等元素非常常见。泰国的雕刻集中在佛教人物的表现上，主要用木材、金属、象牙或稀有石器和灰泥制成。

从泰国餐厅的装修材质可以一窥设计理念与材质运用的广度，例如玻璃，从透明度、雾面、烤漆、单层或双层的丰富度就可看出，几乎所有种类的玻璃艺术，都可得到全面呈现，加上泰国餐厅通常保留传统的手工制造法，设计便多了一点独特的手工质感，也更加人性化。

泰式装修喜欢使用木材，这与泰国盛产柚木有非常大的关系。泰国的柚木，全世界都非常出名，所以泰国的原住民就地取材，"木"就成了建造房子的主要材料。泰式装饰中，多半的木材是在基础装修时使用的，硬装方面用得较少，主要用于软装配饰。

▲ 木材在室内的应用无处不在

▲ 镀金的佛教人像

（3）布局

泰式的设计是很注重自然的。如果说中式讲究"移步换景"，那么泰式更喜欢"开门见山"。泰国人热爱自然与他们的地理环境以及气候是分不开的，无论天气多么炎热，只要往大树底下一站，就很凉爽了，空气的对流性非常好。所以泰式的室内设计，空间做得非常"通"，把空间敞开来做，四面通风。空气感、光感非常好，也与自然环境的对话非常直接。

▲ 通透的建筑布局

2. 软装配饰

泰国餐厅装饰，包含泰式神龛、鸟笼、兰纳旗，都是泰国传统文化中最常见的元素。这些建筑材料，小至一片金箔、一只鸟笼，大至象群雕塑与旗杆，都让人感受到更深层的文化内涵。金色的佛像、憨态可掬的大象、暖色的地板，搭配泰式风格的餐桌椅、摆饰，每一处都散发着异域的风情。餐厅体现出神秘、幽静之感，文化底蕴浓厚，如诗如画，沁人心脾。

（1）色彩

人的第一感觉是光，然后是颜色，最后才是图案，可见色彩的把握对室内设计风格定位的重要性。单纯的使用符号来拼凑绝对不是明智的选择。对于室内设计来说，色彩的把握主要是对材质的把握。如果说要用一种颜色来代表中式，那肯定是大红色，而艳丽的紫红色则是属于泰式的。中式讲究君子，要纯正，要正统、气派，而泰式则多了一股暧昧的“邪”气，妖艳、妩媚。玫红、金色、紫红色，都是泰式格调中很常见的颜色。但要注意，不要出现褐色，这在泰式中是非常忌讳的一种颜色。

如今，泰式软装风格色系以棕色、黑色、绿红与黄色、金色与银色等为主色调，它们之间的色调搭配会产生不同的效果，突出的主题也就千变万化。

首先是棕色。无论硬装还是软装，东南亚风格多选择各种木、藤、竹为主要材料（东南亚盛产这些天然材料，如柚木、山楂木等，这些木材都是一等一的软装家具材料，是家具中的贵族），因此各种深浅不一的棕色便构成了东南亚风格的主色调。浅棕色给人自然清凉的感受，深棕色则表达了沉稳华贵的气质，如果配上同是棕色系的布艺，那整个室内氛围则显得安宁和谐；如果想打破棕色带来的沉闷感觉，可以配上色彩饱满的黄色、红色和紫色等充满情调的颜色，整个效果就显得沉稳中带着贵气。

其次是黑色。以黑色为主色调的东南亚风格特别能彰显霸气，也因为较少被运用而显得格外有个性。黑色的空间通常利用不同的质感、造型和镂空来创造丰富性，使其自身犹如一杯酽茶，味道浓郁而内敛。黑色同时也是东南亚风格中一个重要的点缀色，特别是在浅色面积较大的空间，是平衡视觉重量最好的一方秤砣。

再次是绿色、红色和黄色的搭配。与自然材料本色形成鲜明对比，东南亚织物给人一种浓艳、绚烂的视觉冲击感。

▲ 泰丝

如果将这些来自热带花果的颜色延伸到空间中，那么就可以使壁面或窗帘产生浓烈的异域风味。千变万化的织物颜色——沉稳的暗紫、墨绿、暗红色、浓烈的橘红、翠绿、明黄、湖蓝、粉紫使用在软装中，在调动室内气氛的同时增添了个性。这些色度不同的搭配可以彰显出主人的不同性格。

最后是金色与银色搭配。金色和银色作为华贵的中性色，扮演着提升空间层次感和质感的重要角色。特别是在一些相对正式的场所，利用金色和银色能使空间看起来更加端庄，体现主人的精英品位。金、银向来是色彩中的贵族，金色代表着黄金，代表着财富和身份的高贵，很多餐厅都喜欢运用这样的色调，感觉品位很上档次。金碧辉煌的泰国民风浮雕，典型的沙滩色藤椅，旁边配上一株绿色的椰树，感觉就像身临海边躺在沙滩上晒太阳的感觉，格调看起来很高贵，一般在很正点的泰式餐厅里可以见到这样的风情。

（2）餐厅家具

由于泰国地处自然物产富饶的热带，餐厅的装饰设计常常散发出浓厚的自然气息， 也因为它取材于自然，色泽多以原木色为主，在视觉上感受到泥土的芳香质朴，有利于营造清凉舒适的感觉。泰国餐厅的家具物品多用实木、竹、藤、麻等材料，空间显得自然古朴。

泰国家具的原材料品种丰富，由于重视对树木再生林的培植，加之有丰富的原始森林资源，还可从邻国进口多种优质木材，使得泰国具有种类繁多的木材（如黑橡木、泰柚木、金丝柚、红柳桉、黑胡桃、椴木、樟木、红榉等）可供家具制造商选择。泰式家具多由人工制作，设计上也逐渐汲取了欧洲的现代设计理念，选用不同的材质和色调搭配，让功能和装饰性完美结合。

藤器是泰国家具中富有吸引力而又较廉价的元素，藤条的材质通常能带来视觉的厚重之感（注：选材时应综合考虑天然材质自身的厚重可能带来的压迫感，建议尽量选择简单的外观，保持轻盈感觉），天然或染色藤器配以玻璃、不锈钢或布艺的大胆设计，是相当流行的款式。

▲ 泰式风情家具

▲ 泰式鸟笼

（3）装饰品

泰式壁画艺术有时会成为餐厅里的一个标志，如果是手工雕刻的复杂艺术画，结合壁纸的颜色，能给用餐者留下深刻的印象。挂上一些古老的东洋国家风景画也可以点缀别样的异国风情。泰式的家饰品也是相当讨人喜欢，生态装饰品尽显拙朴禅意，当地的风土人情深深地注入到泰式饰品的设计理念中。无论是花瓶、灯饰、蜡烛还是香座、香薰、饰盒，仿佛都伴随着一种特别平和与纯净的意味。精致的泰国陶瓷餐具有浅褐色、翡翠绿的自由搭配和瓷面略带冰裂感的晶莹光泽，增添东南亚热带风情。

▲ 泰国壁画

泰国餐厅装饰的搭配虽然风格浓烈，但为了给客人一个舒适的用餐环境，应避免过于杂乱惹人心烦，木石结构、砂岩装饰、浮雕、木梁、漏窗，这些都是泰国以及东南亚传统风格装修必备的元素。印尼的木雕、泰国的锡器可以拿来作为重点装饰，即使随意摆设，也能平添几分神秘气质。做工精细、设计巧妙的拱形烛台，能给空间带来宁静。

很多人喜欢热带感十足的泰式风情餐厅，但又不希望家具呈现单调、沉闷的深色，建议采用深浅色调交错的装饰品，既能营造出现代感，也能具备热带气息。

▲ 泰国三角靠枕

▲ 泰国编制面料

（4）布艺

步调悠缓的国度，最大的特色在于无负担地随性坐卧，舒缓紧张的情绪，遗忘身边繁杂的琐事。泰式三角靠垫，放置在低矮的藤椅中，让人不经意地放下身段，由不得你不放松。满眼的粉艳弥漫，餐椅的金属椅背和黑色丝绒椅套产生了强烈的对比，丝绒的台布配上麻质草编的餐盘垫，一股浓浓的泰国味道扑面而来。局部采用一些金色的壁纸、丝绸质感的布料，表现出稳重感。

镏金的粉色酒杯，精致珠子花朵的餐巾布，粉艳艳的花儿，让人不觉联想起泰国王妃用餐时的优雅。泰国的宫灯、黑漆的木盒，又让这浓浓的脂粉气蓦然沉淀了下来，让人真有置身泰国王宫身临其境的感觉。作为背景的白色泰国兰花图案屏风马上又把这沉沉浓浓的厚重粉艳提亮起来，让你有回家的亲切感。

配饰是空间的衣裳，扮演着非常重要的角色。泰式的配饰有着浓郁的地域特色，其色彩艳丽，图案很抽象，非常漂亮。泰国盛产麻和丝，所以他们所用的布艺非丝即麻。泰丝在全世界非常闻名，窗幔的做法一般透明而性感，若隐若现。在泰式空间中，总会见到很多色彩艳丽的抱枕，其图案复杂，色彩各异，置于沉木之中，有着点缀空间、提亮醒神的效果。 泰国特有的三角靠枕，非常有特色。

3. 其他细节服务

（1）品位

餐厅的品位可以说是一个餐厅的灵魂所在，同时也是吸引顾客的关键。要打造一家有品位的泰国餐厅，在装修设计时还要注意体现文化内涵。因为泰国各地都有其独特的文化遗产，各个地区、各种层次的文化都可以作为泰国餐厅设计的题材。另外，以灯光效果提升餐厅品位。灯光的设计不仅仅能够提升餐厅品位，而且还能对菜肴盛器、餐厅家具及气氛产生影响。因此，在设计时一定注意要把灯光效果放在重要位置。

（2）突出餐厅主题

餐厅主题是餐饮服务内容的集中反映，它包括确定餐厅的类型或性质，是作为泰中菜餐厅还是泰北菜餐厅？是作为风味泰国餐厅还是自助泰国餐厅等。餐饮服务特色的突出和定位，能向食客表明泰国餐厅的销售内容和服务方式，体现出餐厅的服务规格和服务水准。

（3）服饰

泰国餐厅服务员的服饰一般用泰丝、棉麻、纯棉制作，整体感觉华丽又不失高雅、现代而不失复古。服饰注重民族风，多以泰国风情长裙风靡世界，与中国流行长裙不谋而合，只是风格不尽相同。有的长裙裙摆过膝或及地，线条时而简单、时而繁杂，色彩时而素雅、时而重彩，可谓千变万化，却让人爱不释手、欲罢不能。

泰国喜欢鲜艳的颜色，不同的颜色代表不同的日期，周一黄色，周二粉色，周三绿色，周四橙色，周五淡蓝色，周六紫色，周日红色。根据餐厅的情况，建议服务人员选用泰式传统服装作为工作服，配以头饰和相应饰品，并且可以根据不同日子披对应代表色的纱幔，以突出泰式文化和餐厅的特色。

▲ 泰国传统服饰

（4）包厢命名

包厢是提供洽谈和聚会的场所，名字多以曼谷、清迈、芭提雅、武里南等地名为主。荷叶是泰国最爱的花卉，一般印在饰品和器皿上，无处不在诉说自然风情，极具民族特色和佛教气息。

（5）节日或礼节的体现

泰国素有“微笑之国”的称号，也是礼仪之邦，泰式餐厅应围绕微笑、恭谦、热情的主基调提供服务。迎宾员在餐厅入口应对就餐的客人进行问候服务，行“合十礼”，引领客人到餐厅、前台等相应服务区域，着泰式传统服饰，追求华丽美观的效果。服务员应经充分的训练，给客人以亲切、热情的感觉。

①合十礼

泰国传统的见面礼节，是双手放在胸前合十作祈祷状并微微弯腰，并互道一声“萨瓦迪卡”（意为安乐吉祥）。合十的双手举得越高，表示对对方越尊重。

②宋干节

宋干节又称泼水节，阳历 4 月 13—15 日（泰国新年），迎宾员象征性地手持金盆，将数滴水洒在客人手中，并告知客人节日意义，同时致以吉祥祝福语。

③水灯节

水灯节也被称为泰国的“七夕节”，是青年男女互表爱意的日子。泰历 12 月 15 日，人们会在水景池放水灯祈福，并邀请客人参与。

（6）习俗和禁忌

①头部忌

随便用手触摸他人的头部，在泰国会被视为对他人的极大侮辱，即使对小孩子表示亲昵，也不要随便抚摸头部，以免给小孩带来厄运。

②左手忌

左手拿东西给别人是鄙视对方的行为。

③门槛忌

到泰国人家中做客，进门要小心跨过门槛，万万不能踩着门槛，泰国人认为门槛下住着神灵。

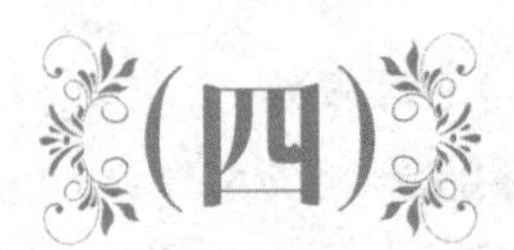

案例解析

项目名称 **泰国曼谷文华东方酒店**

摄影师 George Apostolidis （墨尔本）

设计师 Jeffrey Wilkes

Jeffrey Wilkes 的设计特质

- 设计蕴含异域风情，给人舒适、居家的感觉。
- 对色彩运用很有经验，即使是为文华东方和四季等奢华酒店做室内设计，Jeffrey Wilkes 标志性的个人风格也会不知不觉显现，他说，“我喜欢用颜色和质地刺激人的感官”。
- 设计作品充满活力与冒险精神。

泰国曼谷文华东方酒店拥有百年风华的殖民风格建筑，却又有着老暹罗风情及南洋热带色彩，兼容并蓄，同时它也是多位王室成员、国家元首、文人雅士、富豪及国际巨星喜爱下榻的酒店。

坐落在湄南河畔的传奇式曼谷文华东方酒店，开门迎客已超过 140 年的历史，因独特的风格、热情的服务和一贯的卓越而享负盛誉。曼谷文华东方酒店是坐落在河畔的静谧天堂，是一座真正非凡的五星级酒店。永恒融合现代，经典融合前卫，独一无二的奢华与舒适体验让其成为曼谷的终极度假据点。

大堂宽广的落地窗引入了光线，因有植物借景而不显得过度刺眼，酒店外部也被绿色植物团团包围，减低了不少酷热。舒适的座椅让人坐了不愿离去，极具泰国风情的大型镂空鸟笼吊灯成组呈现，传递古老传统文化气息，同时又具有现代感设计，集经典和创新于一身。

文华东方酒店的外观也许比不上曼谷越来越多的新建高级饭店，但是从大堂到餐厅，都有清新的植物、花卉馨香弥漫在空气中，大堂垂落而下的是历经百年都不会凋谢的爱情花，而这些花卉装饰是会在 3 个月定期更换的，且是采用的真花，还有天然的建材，让人彻底走出人工造就的世界，走进怀旧时光。

文华东方酒店的 Sala Rim Naam 餐厅：传统泰式美食

餐厅自酒店跨河而建，设于装修奢华的楼阁之中。采用半通透的屏风隔断，金色雕刻的拉门给人以强烈的视觉冲击，充满了泰国北部的风情。

这里提供众多的传统泰式美食，包括椰奶海蟹肉、特制海鲜沙拉和南方特色的咖喱牛肉搭配甘薯和洋葱。餐厅的天才烹饪队伍精心打造了不同凡响的泰式菜单，包括传统经典菜式和当季特色美食。

餐厅每晚均有经典泰式舞蹈表演，为客人奉上独特的文化体验。

餐厅从吊顶、墙体到地面都大量运用了大地色系的木材，整面的落地窗巧妙地将室外的自然环境引入到室内，避免了视觉的单调。餐椅的面料用色是泰国最常见的颜色，白色的餐桌布提亮了整个就餐环境，突出了餐桌的就餐功能。

品尝正宗泰国美食，欣赏优美河景，在露天的淳朴氛围中为您提供正宗的泰国美味佳肴。自选菜式菜单中涵盖了泰国各地的特色美食，所有菜肴均由专业大厨精心烹调。

文华东方酒店的 Lord Jim's 餐厅：豪华海鲜

品尝豪华海鲜，饱览壮美河景，Lord Jim’s 餐厅以一本小说里的航海英雄命名，供应的一流海鲜与这位英雄一样出名。这里，您可将壮美河景一览无遗，并可享用曼谷最受欢迎的自助午餐，在众多海鲜和国际菜肴中犒劳您的味蕾。晚餐时，就餐客人可选择按菜单点菜或固定菜单点菜。 餐厅倾力打造最新鲜的海鲜美食，寿司和铁板烧菜式尤其出名。

深浅蓝色的地毯仿佛是神秘的海洋，顶部的吊顶让人联想到海里生活的海螺。连续几个弧形的座椅，形成的弧线与顶部吊灯旁边的灯槽水晶吊坠装饰呼应，巧妙地将这样一个面积较大的就餐环境进行了空间的区隔。

因为是海鲜自助餐厅的缘故，厨房特意采用了半开敞的形式，可以令食材得以最快的速度、最新鲜的面貌呈现给食客。椭圆形的餐台上，各式海鲜食品琳琅满目，颜色引人入胜，犹如演奏着一曲食物的交响乐。

餐厅贵宾厅延续了大厅的海洋风格，设计师生动地将“蓝色海洋”搬到了餐厅的吊顶，墙面的沙质雕刻，犹如是海边的沙滩。一面墙体的整体酒柜，除了具有收纳各式名酒的功能之外，也起到了很好的装饰作用，好像一群畅游在海洋里的鱼群，活泼生动，具有流线的动感之美。

值得一提的还有红色高背的餐椅，给就餐的客人以庄重、高贵的感受。

文华东方酒店的作家酒廊：传统下午茶

作家酒廊，在古典气息中享用传统下午茶。作家酒廊被誉为曼谷乃至泰国风景最优美的去处之一，始建于 1976 年，最初是一座带有池塘的露天花园，如今配有玻璃屋顶，是享用下午茶的理想去处。

新翻修的作家酒廊与酒店优越的文化传承浑然一体，陈列有过去三个世纪中在酒店住宿过的许多知名作家的照片。

文华东方酒店的 Bamboo 酒吧：经典重生

Bamboo 酒吧俨然是一个地标，体现了文华东方酒店和曼谷悠久历史所蕴含的激情、优雅和精神特质。

1953 年，酒吧开业之初还名不见经传（旧址已经被酒店改造成了今天鼎鼎大名的作家酒廊），但随着规模和声誉的不断提升，它成为了享誉全球的一段传奇。2014 年底，酒吧歇业大整修，旨在将这家标志性酒吧打造得更具现代感，同时还要保留其独特的历史特质。

文华东方酒店屡获殊荣的调酒师团队为这间酒吧精心打造了新概念酒水，这里的怀旧系列仍然是鸡尾酒单上的特色酒品，此外还有沿用原始配方的经典系列。Bamboo 酒吧全新的"风味鸡尾酒"以精湛的手法将传统沿袭与现代创新融为一体，注定成就一段传奇。

酒吧的休息区，藤制的双人沙发、屏风，一旁的绿植都极具泰式风情。

文华东方酒店的河畔露台餐厅：烧烤自助

河畔露台不仅提供露天餐饮，服务也提升到新的高度，从早餐到深夜小吃，应有尽有。客人可一边享用美食一边欣赏美丽的河景以及泰国独有的游船，就连沿岸的路灯都好像在诉说着浓浓的泰式风情。

新鲜海鲜和令人垂涎欲滴的烤肉，可任意选择，实现您全天候餐饮的完美之旅。

日式餐饮

日本作为一个南北狭长的岛国，是典型的“围海而生”的国家。自古以来就从世界各地引进文化，经过不断的沉积、融合和演变，最终形成了日本列岛的文化基础，而饮食文化就是这些文化基础的一个重要组成部分。

近些年来，日本人的平均寿命一直位居世界首位，这在很大程度上要归功于日本的饮食文化。以大米和海鲜为主的传统饮食习惯始终在日本的饮食文化中占主导地位，其饮食文化的特征也就是日本文化的特征，体现了日本人的价值观，并通过饮食揭示日本人的审美意识。日本的饮食文化在很多方面受到中国的影响，但是，伴随着几千年政治、历史、文化的发展，它又具备了自己独特的风格。

日式餐厅对于饮食环境追求朴素、安静、舒适的空间气氛，室内装饰风格强调空间与自然的平衡、文化与精神的统一。空间一般比较低矮，传统的日式餐厅将自然界的材质大量运用于居室的装修、装饰中，不推崇豪华奢侈、金碧辉煌，以淡雅节制、深邃禅意为境界，重视实际功能。

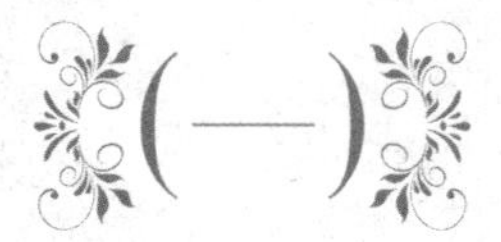

日本饮食文化

当提到日本料理时，许多人会联想到寿司、生鱼片，或是摆设非常精致、犹如艺术的怀石料理。然而，对许多日本人来说，料理是日常的传统饮食，特别是在明治时代（1868—1912 年）末期所形成的饮食。作为世界美食中的一员，日本菜的口味和饮食方式也开始广被接受。“料理”是日本饮食业的一个专有名词，就是提供给客人的食品和菜肴的加工方法以及招待客人的方式，可以说成是“做法”，日本料理就是日本做法。日本料理制作上要求材料新鲜、切割讲究、摆放艺术化，注重色、香、味、器四者和谐统一，不仅重视味觉而且重视视觉，要求色自然、味鲜美、形多样、器精良，而且材料和调理法重视季节感。日本饮食种类繁多，各地都有自己的地方风味。

▲ 日本富士山

1. 传统料理丰富

日本料理的种类很多，比较有名的料理有本膳料理、怀石料理、桌袱料理和茶会料理等。

名称	文化特征	代表图片
本膳料理	本膳料理是以传统的文化、习惯为基础的料理体系，源自室町时代（约 19 世纪）。正式的本膳料理已不多见，只出现在少数的正式场合，如婚丧喜庆、成年仪式及祭典宴会上，菜色由“五菜二汤”到“七菜三汤”不等。	

（续表）

名称	文化特征	代表图片
怀石料理	怀石料理是指在茶会之前给客人准备的精美菜肴。在中世纪，日本茶道（指日本的镰仓、室町时代）形成了，由此而产生了怀石料理。日本菜系中，最早、最正统的烹调系统就是“怀石料理”，距今已有450多年的历史。怀石料理在日本茶道中，原为主人请客人品尝的饭菜，现已不限于茶道，成为日本常见的高档菜色。“怀石”指的是佛教僧人在坐禅时在腹上放置暖石以对抗饥饿的感觉，其形式为“一汁三菜”（也有一汁二菜）。它极端讲求精致，无论餐具还是食物的摆放都要求很高，但分量却很少，常被一些人视为艺术品。	
桌袱料理	桌袱是中国式饭桌，即八仙桌。桌袱料理是中国式的料理，有蘑菇、鱼糕、蔬菜的汤面、卤面等。其特色是客人坐着靠背椅，围着一张桌子，所有的饭菜都放在一张桌子上。这种料理起源于中国古代的佛门素食，由隐元禅师作为“普茶料理”（即以茶代酒的料理）加以发扬，由于盛行于日本长崎，故又称长崎料理。桌袱料理菜式中主要有鱼翅清汤、茶、大盘、中盘、小菜、炖品、年糕小豆汤和水果。小菜又分为五菜、七菜、九菜，以七菜居多。	
茶会料理	日本的室町时代盛行茶道，于是出现了茶宴茶会料理。最初的茶会料理只是茶道的点缀，十分简单，到了室町末期，变得非常豪华奢侈。其后，茶道创始人千利休又恢复了茶会料理原来清淡素朴的面目。茶会料理尽量在场地和人工方面节约，主食只用三器——饭碗、汤碗和小碟子，席间还有汤、梅干、水果，有时还会送上两三味山珍海味，最后是上茶。	

2. 经典日本菜

日本饮食经历了几千年的历史变迁，终于形成了现今的饮食形式。食物力争新鲜应季，种类繁多，味道清淡，尊重食物原始的味道和营养；食器的选取追求艺术和优雅，赏心悦目。日本饮食特色的形成体现了传统与现代的充分结合，崇尚自然且兼并东西文化。

名称	文化特征	代表图片
味噌汤	此汤以酱为主，主要原料是大豆，含有大量蛋白质，营养丰富，味道较咸。在日本，人们把酱汤视为“母亲的手艺”，可见它在日本人心中的分量。米饭就酱汤吃，是日本传统式的早餐。	
生鱼片	日本料理以生鱼片最有代表性，堪称是日本料理的代表作。日本自古以来就有吃生食的习惯，吃生鱼片必须要以芥末和酱油作调料。	
寿司	寿司又称“四喜饭”，也是日本料理的代表。其味道鲜美，很受日本民众的喜爱。寿司是日本料理中独具特色的一种食品，种类很多。现代日本寿司大多采用醋拌米饭的方法来加工其主料，正宗的寿司有酸、甜、苦、辣、咸等多种风味。因此，吃寿司时，应根据寿司的种类来搭配佐味料。	
纳豆	纳豆是日本最具有民族特色的食品，以大豆为原料，营养成分容易为人体吸收，是一种高价值的营养食品。最新的研究还表明，纳豆对引起大规模食物中毒的“罪魁祸首”——病原性大肠杆菌的繁殖具有很强的抑制作用。	

小贴士

◆便当的方寸美学

日本能发展出千变万化的寿司文化，是因为日本料理无论是饭团、寿司、生鱼片等都呈现出“块体”形状，较为适合摆放在便当盒里。

便当视为一种小型的食案，将食用的料理凝聚在盒子中，展现精准的方寸美学。因此日本的料理盒，必须在便当的方寸中自成一个小宇宙，其中的料理必须呼应这个宇宙，并在此基础上浓缩并简化。厨师必须拥有精细的技巧，才能在便当的料理中传达“形”与“色”。而这些料理者，不仅要精于烹饪，也必须具备绘画、茶道及花道的素养。从寿司的功能性来看，日本的厨师其实如同设计师一般，必须同时考虑到美学趣味，并且以使用者作为主要的考虑点。

日本的寿司料理就像一场匠心独具的视觉盛宴，除了食材的考究与搭配外，摆放位置、料理与餐具之间的适量留白，均凸显出季节的特性，就如同一幅山水画，如何构图、用色、留白，都必须相当严谨，才能架构出丰富的视觉美感。因此便当也被视为一种小型化美学。

3. 日本清酒

▲ 日本清酒

清酒被日本人称为“国酒”，是他们最喜欢饮用的一种低度酒。如今，大多数传统的日本人，对清酒仍然情有独钟。日本清酒是典型的日本文化，清酒之于日本，简直就是国家文化的象征。清酒陪伴着日本人祖祖辈辈的繁衍生息而代代传承，是日本人一生相伴最多的酒类，它不单纯是醉人之物，也是人生成长的见证。清酒对日本饮食文化的独特性形成产生着很大的影响，丰富多彩的酒肴、酒器，还有烫酒这一特有的饮酒方法等，都彰显出日本人对清酒的爱恋与自豪。

日本的酒文化历史悠久，最初中国的水稻农作物传到日本，就开始有用米酿酒的习俗。日本清酒是借鉴中国黄酒的酿造方法而发展起来的，1000 多年来，一直是日本人最常喝的饮料。日本清酒最大的特色，是能考虑季节性、搭配料理以及饮用的场合，在大型的宴会上、结婚典礼中、酒吧间或普通餐桌上，都可以看到清酒的身影。饮用清酒时可采用浅平碗或小陶瓷杯，也可选用褐色或青紫色玻璃杯作为杯具。清酒一般在常温（16℃左右）下饮用，冬天需温烫，一般在 40 ~ 50℃间。清酒可作为佐餐酒，也可作为餐后酒。

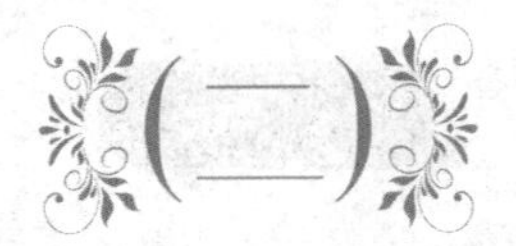

日式餐饮的特点

1. 强调食物的原汁原味

由于长期处于湿润温和、植被丰富、四季分明的自然环境中，日本人对于事物的变化可谓观察入微，同时对事物也有着细腻的分辨力。以清淡、新鲜为主流的日本菜肴，做法上多以煮、烤、蒸为主。

由于日本四面环海，气候温和，地理位置优越，有得天独厚的新鲜海产。另外，日本受儒家思想影响较大，特别是“以和为贵”的思想根深蒂固。有鉴于此，日本人认为食用体量较大的牲畜是不仁，加之日本的平原较少，牲畜难以饲养，而且养牛需要特别的精饲料，所以日本人很少食用牛羊肉。

按照日本人的观念，新鲜的东西营养是最丰富的，而且体内所蕴含的生命力也最旺盛，任何生物的最佳食用期均是它的保鲜期。日本人喜欢将食物生吃，不仅生吃各种蔬菜，而且生吃鸡蛋、生吃肉、生吃鱼，而喜欢吃海味则与岛国特性密切相关。

“自然、原味”是日本料理的主要精神，其烹调方式细腻精致，注重味觉、触觉、视觉、嗅觉的感受，以及器皿和用餐环境的搭配意境。吃日本料理，一半是吃环境、吃氛围和吃情调，以传统文化、习惯为基础的料理体系，在正式的日本宴席上，会将菜肴放在有脚的托盘上供客人享用。日本料理所选择的材料是以新鲜的海产品和时令鲜蔬为主，具有口感清淡、加工精细、色泽鲜艳、少油腻等特点。

▲ 新鲜的海产品

2. 追求自然法则

不同的季节要吃不同的食物。日本四面环海，到处是丰富的渔场，除了食材的季节性强，日本人还特别注重在饮食中获得四季不同的感受。配菜的装饰也凸显出季节的特点，甚至连盛器上的花纹也因季节而异，如秋季喜欢用柿子叶、小菊花、芦苇穗来烘托季节的气氛，春夏则在盘中呈现绿意盎然的活力以及清凉感，竹叶、紫苏叶、花椒叶等，都会随着季节轮替出现在餐桌上。

在传统的日本料理中，“吸物”是一道很能体现滋味的菜肴，但其实它只是一碗清淡、没有油腥的汤，里面的内容也只是一小块鱼肉或者禽肉，但必定会有时令蔬菜同时入内。此外，还会有一小片树叶的嫩芽或柚子皮漂浮在上面，叶片的嫩芽无疑是告知季节的信号，而柚子皮的差异也时时传递出季节的消息。青柚子的季节，柚子开花的季节，柚子成熟的季节，柚子苦涩的季节，时时都让食客感受着时令和季节的变迁。

如果一位日本料理师傅，只是知道春天产鲷鱼、夏季产香鱼或鳗鱼、秋季有秋刀鱼、冬季的鰤鱼肥美，却对每一天的气温冷热毫无感受，就无法察觉气温的上升与下降对河海里的鱼类有什么变化影响，那么他在处理食材、下刀或烹煮时，就无法依照每天细微的变化做出好的料理。因此，日本料理的制作与呈现，简直就是料理人与季节的对决，这也正是日本料理大师的智慧所在。

从单纯的食材掌握，到繁复食器的运用，处处展示出日本料理的艺术境界，已然成为一种“食之艺术”。明治时代的北大路鲁山人曾有说“食器是料理的和服”，当食客在享用眼前这道季节飨宴时，不论是春樱、夏绿、秋枫还是冬雪，从食器的选用开始，就是他们与料理人之间的心灵对话。食材配菜、摆盘装饰、调味色彩，食客是否在食物入口时感受到料理人想要传递的心意，而料理人是否又能充分利用眼前的料理来表达内心，正是品尝日本料理时一种宛如恋爱的心情。

▲ 季节性食材

3. 注重卖相，即食物的造型色彩及器具的精美

日餐重视盘饰，将食物装入盘中，这种堆砌艺术被日本人称之为“盛付”。日本人对于食物装盘时的形状和色彩搭配是非常讲究的，可以说是集中体现了日本人的审美意识。在日本，区分厨师水平的高下主要取决于刀工和一双装菜的筷子。

在日本的烹饪艺术中，不同的食物要选用不同的食器，碗碟如何摆放，各种食物的色彩如何搭配，这比食物的口感更为重要。大部分日本人对于色彩和形状都很注重，这源于自然风土和长期的美学熏陶。日式餐厅在餐具上的选择特别用心，这与中国人在食器的材质上崇尚金银珠玉、色彩上喜好富丽绚烂不同，他们多用细腻的瓷器或是外貌古拙的陶器和纹理清晰的木器，色彩多为土黑、土黄、黄绿、石青，偶尔也会用亮黄和朱红来做点缀。日本的盛器独树一帜，完全不拘于某一形态，除圆形、椭圆形之外，叶片状、瓦片状、四方形、菱形、对称的、不对称的，都会出现在餐桌上。

日本筷子从中国引入，但几乎不用金银或象牙、紫檀的材质，只是简单的杉木筷或漆筷。原因是日本料理的食材大都是顺滑的生食料理，使用杉木筷较为方便取食，而且日本人吃饭是一人一份，所以筷子的尺寸会较短，这也再一次体现了日本人的审美取向。

怀纸与筷垫也是日式餐具中的独特风景。怀纸的功能有些类似于西洋料理的餐巾，一是避免拿取食物时沾染到手；二是吐骨头时可做遮掩；三是用餐完毕后可以将菜肴等余物利用怀纸遮盖；四是可擦拭唇印或餐具等。日本使用筷子时一般都会搭配筷垫，若无筷垫则会在用餐完毕后，将筷子放在餐桌上，或是利用筷袋折出一筷垫的形状，以便放置，又或是用筷袋打一个“千代结”或“简结”，再把筷尖插入其中，显示礼貌的同时，也可暗示服务人员已经用餐完毕。一个仅仅是包装筷子的外袋竟然就有如此多的巧思隐藏其中，甚至可以当成沟通的符号，可见日本人的用心。

日本饮食讲究“艺术性”和“优雅感”。在日本的食品中，其名称与自然景物有关的约占总数的一半以上，如松风、红梅烧、矶松、桃山、牡丹饼，以及州滨、时雨、越之雪、落雁等。除了名称以外，凡是去过日本的人或许都可感觉到，日本的菜肴与其说能令人大饱口福，倒不如说是让人赏心悦目，每一道菜都像一幅精美的画卷，让人不忍下箸，所以饮食界有这样一种说法——中国菜肴是用嘴吃的，日本菜肴是用眼吃的。在国内的一些日式料理店，我们多少也能感受到一些，装食物的餐盒都很精美。日本面积窄小而人口众多，保护、不破坏自然景观是自古以来的风俗。日本人总是不折不扣传承自己先人留下的东西，在整个饮食环境里，处处洋溢着含蓄内敛却依然让人不可忽视的美。重视历史的日本人更是把古人的饮食习惯一丝不漏继承下来了，为此，把烹饪出来的菜肴也作为自然风物中的一束花朵，用以点缀人们的生活。

▲ 具艺术美感的日式餐具

4. 讲究饮食环境的优雅

日式饮食的场景布置是世界文化史中独特的一道文化景观，其室内体现出来“自然、宁静、淡泊”的意境以及它所追求的自然生态观，恰恰是日本传统室内特征的真正本质。今天，日式传统室内也成为了人们暂时远离喧嚣尘世、舒缓身心压力和回归自然的乐土。

日式传统室内所凝聚的那种与大自然和谐相处、天人合一的自然感，与当代倡导的“生态设计”主流思想有着异曲同工之处。进入 21 世纪，人们一改往昔贪图奢华的享受，转而崇尚自然，追求简朴的生活方式。日本传统室内所独有的自然风格与形式、营造手法与细部处理，以及其中所蕴含的哲理，对现代建筑与室内环境设计产生了深远的影响，并带来巨大的启示作用。

▲ 自然的室内环境

5. 日式饮食与中式饮食密切相连

日本文化深受中国影响，在东方世界中，再也没有其他国家像中、日两国这样有如此深厚的文化血缘。中日的饮食文化，存在着密不可分的联系，有很多的相似之处，但又存有一些差异，正是这些差异才更加凸显出两国饮食文化中各自的特色。

饮食带有国家的文化韵味，中、日两国的烹饪方法不同，也代表着饮食的理念不同。中国菜注重“色、香、味”的结合，而日本料理则注重“新、奇、鲜”的统一。就待客而言，由于国情不一样，对待客人的方式也有所差别，比如日本由于国土面积小、人口密集，在料理的准备上便显出小家碧玉之感，小而精；相比之下，中国的美食则有了大气的风味，这与我国地大物博的国情是密不可分的。

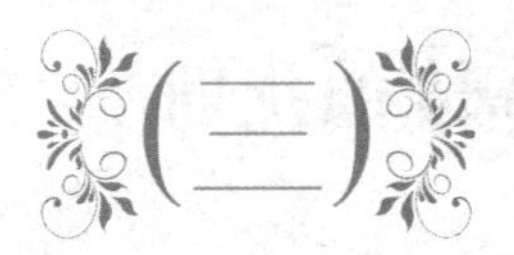

日式餐饮空间氛围的营造手法

1. 整体装饰设计

（1）推崇禅宗精神

日本的餐饮空间设计是从禅宗冥想的精神中构思出来的，为适应现代生活所需，他们将禅宗理念融入特定的社会、文化背景中，并促使这一传统文化得以延续与传承。设计师将禅宗的理念纳入现代室内设计的构思之中，并将这种意识升华，以此来寻求形式上的突破。在日本，无论是在餐馆、茶室或庭园，你都可以充分感受到独特的“和文化”所带来的禅味设计，也可以在超现代的钢架结构或是清水混凝土围造的博物馆、美术馆建筑中，品味出现代意味的禅境来。日本人早已将禅宗美学意识中的“空”和“寂”深深地融入社会文化生活之中。

“不重形式重精神”是禅宗的审美理念，禅宗希望超越物体表象而去关注其精神，发现精神世界中的规律与变化，从而达到精神与想象的统一。“闲寂、幽雅、朴素”作为禅意空间的精神内涵，不仅是室内设计追求的境界，也是作为室内设计师创造空灵、简朴意境的艺术原则。

◀ 禅意空间

（2）注重物体的简素之美

由于受禅宗思想的影响，日本自古以来便认为大凡具鲜艳色彩的物体都是肮脏的、不洁净的，所以他们形成了崇尚自然、朴实的风气。不论是神社的建筑，还是民宅的门窗栋梁，注重的都是物体的简素之美。那种简朴，可以连油漆也不用刷，就让它们素面朝人，日本人称之为“素面造”。木结构的房屋建筑，全部保留原木的素色和清晰的纹理，这种朴素之美，使和式建筑展现出一种禅宗的简素精神。他们认为木材是有生命的，和人一样会呼吸，如果人为涂上化工油漆，反而会影响其寿命，也破坏了物体的原有之美。

由于传统民宅有因席而坐、席地而卧的习惯，室内通常会显得家徒四壁，空空如也。传统的饮食（如米饭团子、生鱼片等料理）也特别简朴，简直是味素、清淡，这与我国一句俗语“好看不如素打扮，好吃莫如茶泡饭”倒是非常合拍的。

▲ 自然、朴实的室内格调

注重物体的简素之美，已成为日本室内设计中一种传统的审美意识和精神构造。设计时偏爱用木料、石头、竹子、茸草和纸等可吸光的亚光材料，呈现出的是材料的本色，但那粗糙的质地、随意的形态，无不展现出自然的本色之美，洋溢出一派天真、淡泊、潇洒而又雄浑的景象。

简素的物体和天然之材所营造的室内空间，能使人的心境平和、安详，超然物外。在这纯自然、高简素的色调中，展现出的是一种朴素、简约之美，这种精练的视觉美感，正是禅宗精神中“纯净意象”的体现。

▶ 简朴的室内装饰

（3）追求形态的非对称之美

日本室内设计深谙禅宗之理，将禅宗的简素与自然、孤傲与幽玄、脱俗与寂静以及非对称的美学特性表现出来， 宛如一首凝练的诗。日本的室内设计有将形体稍加挪动的习惯，使物体处于一种不对称的状态，这种非对称的造型组合，被视为日本艺术的独有特质，它们试图打破对称与圆满的程式化，表现出对非对称之美的迷恋。

在日本设计师看来，非对称的造型比对称的造型更具灵活性和随意性。在他们眼中，这种非对称的造型背后或许隐藏着更对称、更规整的形态，而呈现出一种特有的空间美感。日本的室内设计讲究顺其自然的结构形式，巧妙地利用空间，因而很少见到那种完全对称、规则式的造型。日本神社的建筑布局与中国的寺庙也正好相反，完全是非对称的设计。甚至连日本料理的摆放，也杜绝机械的对称、排列和平均布局，而是采取“三分空白”“奇斜取势”等符合自然美的法则来营造，以体现出菜肴鲜活的形态，使日本料理具有一种内在的艺术情致，也反映出日本独特的空间心理以及日本设计的禅宗精神。

（4）崇尚材料的天然之美

日本的室内家具多为质朴简约、崇尚自然的风格，力图展现出它的功能性，减去不必要的装饰。在材料的选择上，大多采用樱桃木、榉木、藤、竹子、蒿草等，不仅能适度地调节气温与湿度，还可和谐人与物之间的关系，透射出朴素、内敛的气息。此种意象能较好地反映出禅宗的美学精神和谦虚特质。

除了大量使用木材外，石材作为建筑材料也应用较多，并有意识地将石块粗糙的肌理裸露，目的是体现原始的材料质感，展现天然之美。由此可以看出日本室内设计崇尚粗犷、有质感的材料和摒弃太光滑、工整的材料风气，也反映出日本人自然朴素的审美理念。

从室内深色的木框所限定的面积，到木质结构的柱子和房梁；从天花板轻巧的木柱构造、上边铺设不加修饰的薄板，到四周墙壁具泥砂质感的墙面，以及纸糊的拉门，这些可吸光的材料形成的特异空间，无不折射出日本室内设计独特的禅宗意境。

“轻视物质，强调精神”，日本的室内设计不追求材料的华贵，也没有讨巧的装饰，但总是朴素大方，耐人寻味。他们善于在粗陋与简朴甚至废弃的材料中抒发自己对人生认知的感悟，对自然美的独到体验，这是对自然的一种极大尊重。

▲ 简约的室内设计折射出禅宗意境

（5）呈现空间的幽玄之美

日本室内艺术中禅宗境界的营造，并无太多的清规戒律，主要取决于设计师是否有“觉悟”，有无慧眼和禅心。在禅宗的精神点拨下，日本的室内设计往往将观念性的物体浓缩，呈现的是一种“无相”和“空相”，达到一种禅宗冥想的精神之美，这也是日本室内设计独特的文化内涵之一。

日本室内设计还常以传统园林布局作蓝本，尽可能将传统的建筑符号（如榻榻米、推拉门、茶庭、枯山水）融入生活环境中，再糅合日式花道、茶道、书道的艺术形式，形成一种独特的“空、间、寂”氛围，营造出特有的“禅境”。在日式的室内，你常常会发现空无一物，或就只摆一件陶器，只插一束花朵，室内只挂一幅书法或绘画，这便是设计师的禅心。他们认为“无即是有、一即是多”，用物质上的“少”去寻求精神上的“多”，这也是将人引入禅宗境界的一种手段，体现出对人与自然的尊重，同时又为繁忙的现代都市人打造出一片灵魂的栖息之地。

▲ 木屐与插花

▲ 日式推拉门

禅宗倡导生活中的简约之美，室内设计中家具的省略便是一种体现，这对于生活在紧张工作环境的日本人来说，带来的是一种心灵的释放。在室内，他们无需遭受拥挤家具之干扰，保持着一种高雅和自尊。在这样简洁的空间中，以人的“实”来填充房间的“虚”，这样，精神便可以自由徜徉，负重的灵魂便可以得到一丝的隐退。

现代社会里，日本家庭的室内尽管小巧玲珑，但墙壁上多会挂有一幅书法或字画，书法的下端，通常插有瘦骨嶙峋、带有泥土气息的野花，令室内显得空灵而高雅。也许唯有此时，居者静坐冥想，心中自然生出一种美的“空寂”与“幽玄”，仿佛置身于禅宗境界，存在于一种无限的精神空间之中。

“屋窄心宽”，日本室内设计不是以美炫人，而是力求渗入自然深处，表现出一种平淡、含蓄、单纯和空灵之美，使观赏者能从自然的艺术形态中体验一种空寂的景象，品味出一种幽玄之美，保持一种超脱的心灵境界。

①玄关

日式风格的入口通常称为玄关，用以方便客人在入门后更换拖鞋。正如图片所示，玄关位置一般会有一个供人摆放鞋子的柜子（不过通常日本家庭的鞋子都是放在外面而不是里面），而玄关的设计通常都是很简约的。对于日式家庭来说，石板铺装尤其流行，特别是在玄关的位置，图案可以借鉴一下日式风格中清晰简单的线条。

▶ 室内入口

②日式滑门与障子

真正的日本屏风名字叫“障子”，是一种纸糊的木框，在日式风格中是相当重要的元素。日式障子通常都由质量较好的透明纸糊在木架上制成。随着时代进步，现在的障子已不再用纸糊而选择在木架里镶嵌玻璃。由于房价高，日本家庭大多面积较小且很多人会选择租住公寓，因此充分利用空间就变得很有必要了。障子不像门那样需要往前或往后打开，它是左右滑动的，可以节省不少的空间。它们并不是真正意义上的“门”，不会阻隔自然光线的透入，随时可以眺望窗外的自然风光。尝试用一面宽阔的障子（带滑动门的那种）代替传统的墙壁吧，这样你的房子就可以和窗外的美景融为一体了。

◀ 日式屏风“障子”

③木与竹

怎样才能毫无违和感地把自然元素带进空间？当然是运用“木”元素了。在日式文化中，尤其是建筑设计当中，“木”是不可或缺的。我们可以在一个日式风格的居室里面找到无处不在的木元素，竹地板或者木框窗都可以为空间增添不少日式味道，墙壁、门、屏风、空间里的边框大多是由实木做成。日式装修中最常使用的木材是枫树、柏树、铁杉和红松树，竹子也是非常不错的选择。

▲ 质朴的厚木家具

④自然元素

日本文化处处体现着对大自然的热爱与尊敬。将自然与设计融合起来的最好方法，就是将自然元素带入其中，摆放一些日本的传统植物，例如盆栽或在窗外种植一些竹子，就能让空间瞬间变得很有日本风情。

其实，任何深绿色的植物都能达到类似的装饰效果，可以考虑一下兰花或者棕榈类植物。艳丽的色彩一直不被日式风格所青睐，因此无论打算选择怎么样的植物来装点空间，都要记得选择自然简单的绿色植物。

▲ 宽大的窗户使你可以无死角地欣赏到外面的自然风景

▲ 室内与室外相互交融

2. 软装配饰

（1）日本茶道

日本茶道的仪式都是经过精心提炼后形成的，如入茶室前要净手，进茶室要弯腰、脱鞋，以表谦逊和洁净。日本有一句格言——“茶室中人人平等”，从前，要把象征阶级和地位的东西留在茶室外，武士的宝剑、佩刀、珠宝等都不能带进茶室。当然，现今茶道已不强调这些，但进茶室仍有诸多规矩，比如不能交头接耳，不能衣冠不整，因为茶会必须保持“和谐、尊重、纯净、安宁”的环境。

日本茶道的精神在于利用茶来净化心灵、提神醒脑，使饮茶者的心神暂时革除一切俗念，达到本来面目、赤子之心的境界。因此，茶室不仅讲究室外环境幽雅，室内的布局与装饰也很讲究。屋外必须幽雅清寂，古木参天、奇石、枯山水，景致有序；屋内的玩物古董、瓶花名画、器皿烧制精巧华丽，高雅实用。茶客进入茶室后，态度平和谦逊，心无杂事，正襟危坐，虔诚授受。身穿和服的茶人跪在榻榻米上，先打开绸巾擦茶具、茶勺；用开水温热茶碗，倒掉水，再擦干茶碗；又用竹刷子拌沫茶，并斟入茶碗冲茶。茶碗小而精致，一般使用黑色陶器，因日本人认为幽暗的色彩自有朴素、清寂之美。

献茶前先上点心，以解茶的苦涩味，然后接着献茶。献茶的礼仪很讲究：茶主人跪着，轻轻将茶碗转两下，将碗上花纹图案对着客人；客人双手接过茶碗，轻轻转上两圈，将碗上花纹图案对着献茶人，并将茶碗举至额头，表示还礼，

◆日本茶道规则

日本茶道必须遵照规则来进行喝茶活动，而茶道的精神，就是蕴含在这些看起来繁琐的喝茶程序之中。进入茶道部，有身穿朴素和服、举止文雅的女茶师礼貌迎上前来，简短地进行解说。进入茶室前，必须经过一小段自然景观区，这是为了使茶客在进入茶室前，先静下心来，除去一切凡尘杂念，使身心完全融入自然。在茶室门外的一个水缸里，用一个长柄的水瓢舀水洗手，然后将水徐徐送入口中漱口，目的是将体内外的凡尘洗净，然后把一个干净的手绢放入前胸衣襟内，再取一把小折扇插在身后的腰带上，稍静下心后，便进入茶室。

日本的茶室，面积一般以置放四叠半（约为 $9m^2$）“榻榻米”为主，小巧雅致，结构紧凑，便于宾主倾心交谈。茶室分为床间、客、点前、炉踏等专门区域，室内设置壁龛、地炉和各式木窗，右侧布“水屋”，

然后分三次喝完，即三转茶碗轻啜慢品。饮茶间之交谈、腔调，均须得体。

饮茶时嘴中要发出吱吱声响，表示对茶的赞扬。饮毕，客人要讲一些吉利的话，特别要赞美茶具的精美、环境布局的优雅以及感谢主人的款待。这一切完成后，茶道就意味着结束。当然在茶道的最高礼遇中，献茶前还会请客人吃丰盛美味的“怀石料理”，即用鱼、蔬菜、海草等精制的菜肴。

日本人茶道的心境为“和、静、清、寂”，如茶屋是代表宇宙万物经过滤净化后唯一可凭借的象征物，人一旦介身其中，一方面慢慢品尝苦涩的茶味，此情此景物我交融、天人合一，是用一种无意识的境界，借以感悟永恒的价值。

▲ 日本茶道具有独特的精神内涵

▲ 茶道用具

供备放煮水、沏茶、品茶的器具和清洁用具。床间挂名人字画，其旁悬竹制花瓶，瓶中插花，插花品种和旁边的饰物，视四季而有不同，但必须和季节时令相配。每次茶道举行时，主人必先在茶室的活动格子门外跪迎宾客，虽然进入茶室后，强调不分尊卑，但头一位进茶室的必然是来宾中的首席宾客（称为正客），其他客人则随后入室。

来宾入室后，宾主相互鞠躬致礼，主客面对而坐，而正客须坐于主人上手（即左边）。这时主人即去“水屋”取风炉、茶釜、水注、白炭等器物，而客人则可欣赏茶室内的陈设布置及字画、鲜花等装饰。主人取器物回茶室后，跪于榻榻米上生火煮水，并从香盒中取出少许香点燃。在风炉上煮水期间，主人要再次至水屋忙碌，这时众宾客则可自由在茶室前的花园中散步，待主人备齐所有茶道器具时，这时水也即将煮沸，宾客们再重新进入茶室，茶道仪式才正式开始。

小贴士

◆日本茶道的礼仪

日本的茶道品茶是很讲究场所的，一般在茶室中进行，茶室多起名为“某某庵”的雅号，有广间和小间之分。茶室一般以“四叠半”为标准，大于“四叠半”的称为广间；小于“四叠半”的称为小间。茶室的中间设有陶制炭炉和茶釜，炉前摆放着茶碗和各种用具，周围设主、宾席位以及供主人小憩用的床等。

接待宾客时，由专门的茶师按照规定的程序和规则依次点炭火、煮开水、冲茶或抹茶，然后依次献给宾客。点茶、煮茶、冲茶、献茶，是茶道仪式的主要部分，需要经过专门的训练。茶师将茶献给宾客时，宾客要恭敬地双手接茶、致谢，而后三转茶碗，轻品，慢饮，奉还，动作轻盈优雅。饮茶完毕，按照习惯和礼仪，客人要对各种茶具进行鉴赏和赞美。最后，客人离开时需向主人跪拜告别，主人则热情相送。

品茶还分为“轮饮”和“单饮”两种形式，轮饮是客人轮流品尝一碗茶，单饮是宾客每人单独一碗茶。茶道还讲究遵循“四规”“七则”，四规指“和、敬、清、寂”，乃茶道之精髓，“和、敬”是指主人与客人之间应具备的精神、态度和礼仪，“清、寂”则是要求茶室和庭园应保持清静幽雅的环境和气氛。七则指的是提前备好茶，提前放好炭，茶室应保持冬暖夏凉，室内要插花保持自然清新的美，遵守时间，备好雨具，时刻把客人放在心上等。

在正宗日本茶道里，是绝不允许谈论金钱、政治等世俗话题的，更不能用来谈生意，多是些有关自然的话题。

▲ 点茶、煮茶、冲茶、献茶是茶道仪式的主要部分

（2）日本花道

所谓“花道”，就是截取树木和花草的枝、叶、花朵，艺术地插入花瓶等花器中的方法和技术，从而达到锻炼技艺、修养精神的目的。它和歌道、书道、武道、茶道一样，是日本自古以来传统文化的技艺之一。日本地处温带，季风气候明显，由于四面临海，具有海洋性气候特征，与亚洲同纬度地方相比，冬季较温暖，夏季较凉爽，降水比较充沛。这种优越的自然环境，培育了日本人独特的审美意识，也深深影响了日本人对大自然及人生的看法。日本人认为花道是各个时代人与大自然的对话，是他们人生观的反映。

花道并非植物或花形本身，而是一种表达情感的创造。因此，任何植物、任何容器都可用来插花。插花通过线条、颜色、形态和质感的和谐统一来追求“静、雅、美、真、和”的意境。可见，花道首先含有一种道意，逐步培养插花者的身心和谐、有礼；其次，花道是一门综合艺术，它运用园艺、美术、雕塑、文学等人文艺术手段；再次，花道还是一种技艺，可用来服务家庭和社会；最后，花道是一种易于为大众接受的、深入浅出的文化活动。

在日本，花道艺术已经成为许多普通人士日常生活中不可分割的一部分，各种花艺造型装点着人们的家庭生活。在一些特殊的时刻和节日中，人们采用某些特殊材料表达出美好的愿望，如新年期间，代表永恒的长青松尤其受到插花者的欢迎，并且通常和竹子搭配使用，表达了人们青春常驻的美好祝愿；杏花则适合赠与尊敬的老人；三月三日，为日本传统的偶人节（也称女孩节），人们常把桃花和传统的木偶搭配在一起展示，表示内心的祝愿；九月，集会赏月时，用南美洲草来做花材，代表着萧瑟的秋天来临。

日本花道使用的材料很广，包括树枝、葡萄藤、草、水果、种子和花等。事实上，任何自然物质都可以被使用，甚至玻璃、金属和塑料。花材一般分为两大类，一类是木本花和枝，另一类是草本花和枝。日本的花道不仅传承了东

▲ 日式插花

方式插花的特点，而且还融入了茶道的精神，注重自然情趣，着力表现花材自然的形态美、色彩美，即使修剪也不显露人工痕迹。构图中无论何种造型，既有形式又不拘于形式，以顺乎花枝自然之势、自然之趣以及合乎自然之理为原则。在保留花材原有自然形态之下，灵活插制，随意造型，达到“虽由人作，宛如天成”的境界，一切以自然为美、朴实为美，毫不造作。

显然，插花已经成为一种高尚的精神享受，融入了人们的生活。在一些茶室中，只需插上一枝白梅或一轮向日葵等简单的花草就能营造出幽雅、返朴归真的氛围。另外，插花的优劣还取决于花的形态和不同花材所代表的寓意，如蔷薇象征美丽与纯洁、百合代表圣洁与纯真、梅花寓意高洁与坚毅、荷花则出污泥而不染。花道作为日本传统特色文化之一，是日本人民智慧的结晶，它不仅是一种技艺，同时也可以陶冶情操、修炼精神，从中反映出日本人的自然观、审美观和伦理道德观念。

日本花道源远流长，作为文化载体之一，延续至今，有着自己独特的魅力和生命力。它蕴含哲理，处处体现自然之美，除了展现艺术的美感之外，更多表现出了一个民族的创新、进取、精益求精和自我完善的精神，给予我们启迪和深思。

▲ 日本花道源远流长

（3）招财猫

在日本的料理店和一些店铺门口，常常可以看到各式各样的招财猫。招财猫是日本欢迎宾客与主顾、招揽幸运与财富的传统形象。“招财猫”在日语中的意思是“召唤猫”，通常在主通道附近的门边面门而立。虽然在传统上关于招财猫是公猫还是母猫的问题存在争议，但它始终都被描绘成一个友好可亲的形象，它携带的卷轴包含着友善的信息——请进，欢迎光临!

关于招财猫有很多传说，一种非常流行的说法是这样的：在古代日本，曾经有一座叫豪德寺的庙宇，里面住着一位僧人，僧人养了一只猫与他做伴儿，猫的名字叫“玉”。豪德寺的香火不是很旺，所以僧人很穷。一天，一位封建领主路过豪德寺时，突然下起了雨，正当这位领主站在寺外庭院的树下躲雨时，僧人的猫向寺外瞥了一眼，并举起一只爪子邀请领主进屋。领主对这个不寻常的举动非常好奇，于是就走进寺院看个究竟。当领主走到院中，站在“玉”面前时，闪电突然击中了他刚才避雨的树，领主因此得救，并认定此猫就是观音菩萨的化身。像所有美好的传说一样，这位领主慷慨捐助了豪德寺，而“招财猫”迎宾接客、招财纳福的形象也由此诞生。

从此，不少店家都会在门口或店中安置彩陶招财猫，它高高伸着一只手，

▲ 以招财猫为形象的暖帘

▲ 彩陶招财猫

永远都以一本正经的神态欢迎着客人的到来。招财猫伸出的手有左右之分，一般认为，举起左手意思是招财，举起右手则是招福。手举的位置较低（靠近脸部），可以招来近处的幸福；手举的位置高（超过头部），可以呼唤远处的幸福。若用两只招财猫，一左一右，这样“财”“福”便双至了。还有的日本人将招财猫分为个人使用与店铺使用两种，即举左手的为店铺使用，用来招客；举右手的为个人使用，代表招金，这也是生意人在店铺多摆设左手高举的招财猫之故。

招财猫的身体颜色分为好几种，粉色是希望恋爱顺利，红色代表身体健康，绿色是希望金榜题名，金色则代表财运亨通，黄色是业务繁荣，黑色希冀辟邪保平安等。招财猫身上的图案主要有象征着财富的宝船图案，象征着理想和梦想的茄子、鹰和富士山图案，象征着长寿的龟鹤图案，象征着吉祥的松、竹、梅图案，象征着富贵的四季花卉图案等。

▲ 暖帘的作用多元化

（4）日本暖帘

在日本的街头，尤其是商业街，你会随处看到，各个小店的门前都会挂有布帘，日本人称之为"暖帘"。有的暖帘小而旧，带着磨损的边，而有些样式则很大气，色彩鲜艳并且极其挺括。暖帘最早用于遮阳防尘，随着时间的推移，店主们开始意识到，在特定时间挂起这种门帘，可以宣告店铺营业的时间，这是一种吸引客人的方式。因此，店家就把纹章和字号染在门前的帘子上，可以让顾客一眼就认出自己的店铺，并且营业状况也一目了然。这样一来，小小的暖帘就逐渐担负起了作为商店门牌号或者纹章的作用，同时也衍变为彰显所有者的身份和名字。

暖帘（日文念作 Noren）发展于中国的门帘，和禅宗一起传入日本，除遮挡风尘外，也可分割或围合空间，悬挂在门额、楹柱、墙壁或固定于门外地面上，被许多商家作为店标。它与中国的招幌（招牌和幌子）很类似，是一种以图像、文字形式而存在的看板，有招揽生意的功能。

暖帘主要有长暖帘、半暖帘、水引暖帘和太鼓暖帘 4 种形式。早期的暖帘只印有数字或纹章，平安时代末期（公元 12 世纪），多数是些制作简单的帘子，或者是用竹条编成的帘幕，直到江户时代（1603 – 1867 年），才在暖帘上使用文字。暖帘真正风行的时代是在奈良时期（710 – 794 年），当时的人们在家中和店铺里用布来遮阳防尘，寺庙和神社则用之挡风避寒。过去的协会对暖帘的设计和外观还有着明确的规定。暖帘通常分为两片，其长度为宽度的 3 倍，长度通常为 34cm 或 114cm（现代则一般在 38~160cm 之间）。悬挂在店门口的暖帘根据门的形状和大小有时会用 5 块小方片制成，有些使用大型暖帘的店铺不得不用绳子或钩子将其固定。

日本的暖帘已经成为他们文化中的一个重要元素，城镇街道和乡村小店边，暖帘随处可见。战后女作家山崎丰子曾于 1957 年以《暖帘》一书进入文坛，随后又以《花暖帘》获直木奖。应该说，除了遮阳防尘、挡风避寒的实用功能，以及代表着各个店铺形象的视觉表达功能，暖帘在一定程度上反映了日本文化的审美趋向，以及日本设计中的极简风格。

▲ 日本书法图案的暖帘

（5）日本浮世绘

在日本绘画中，最典型、知名度最高的首推浮世绘。浮世绘是一种江户市民的风俗画，日本元禄时期的菱川师宣是浮世绘艺术的创始人，为日本绘画史打开了新的篇章。浮世绘一经出世，就受到了广大市民的喜爱。它是一种市民生活的反映，表现市民阶层男女的闲情逸趣。浮世绘与历史上宫廷画家的绘画有很大的不同，尤其与唐绘、汉画、文人画等以中华文化为主的绘画有着本质的区别，它与大和绘、障屏绘等日本民族绘画风格的流向是一脉相承的。

为了迎合市民趣味，浮世绘画家们开始抛弃人物众多的大场景而选择描绘生活琐细的小节；将组合的人群分解为单独的美人图而加以特写；将来自中国画传统的刚劲线条变得柔和而流畅。浮世绘最初以“美人绘”和“役者绘”（戏剧人物画）为主要题材，后来逐渐出现了以相扑、风景、花鸟以及历史故事等为题材的作品。

浮世绘起初的样式有两种流派：一种叫作“肉笔派”，也就是俗称的“手绘浮世绘”，由画家在绢、纸等材料上亲手绘制而成，而非木刻印制的绘画；

▲ 手绘浮世绘

另外一种叫作“板稿派”，是由画家直接在木版上作画再经别人刻印而成，单幅的创作木刻，为单独欣赏一幅画开创了条件，画工也更精细一些，这便是今天的“浮世绘”（版画）的雏形。

肉笔的浮世绘，盛行于京都和大阪，这个画派的开始，是带装饰性的，它为华丽的建筑作壁画，装饰室内的屏风。在绘画的内容上，有浓郁的本土气息，有四季风景、各地名胜，尤其善于表现女性美，有很高的写实技巧，为社会所欣赏。这些大和绘师的技术成就，代代相传，遂为其后的浮世绘艺术开导了先路。

早期的浮世绘经手绘而成，只是画面从屏风、隔扇、长卷上走向单页。浮世绘之所以能在长达两个世纪以上的时间内保持旺盛的生命力和广泛的传播性，很大程度上依赖于木版画这一领域找到了追求各种新技法和新风格的可能性。所以浮世绘样式的发展，主要是在木版画形式上进行的，人们提到的浮世绘，也往往专指木版画形式。

对于画家而言，属于哪种流派，其实并无特别严格的界限，有单作一种样式的，如鸟居清信专作木版原稿、宫川长春专绘肉笔仕女等；也有既作木版稿又作肉笔画的，较有名的如菱川师宣、奥村政信、怀月堂安度等。随着时间的推移，肉笔画受到材料的制约逐渐消失，而版稿画这种流派，却经过许多画家的多年努力，结合当时空前繁荣的文学插图形式发扬开来，画面的着色，由黑白两色逐步发展为简单彩色，在经历了“墨折绘”“丹绘”“红绘（漆绘）”“红折绘”等阶段，最终在明和至安永年间，由铃木春信、矶田湖鬼斋等人在雕刻匠、印刷工的配合下，发明了被誉为“锦绘”的多色浮世绘版画。

江户时代商业的兴起带动了商人文化的享乐主义，使得浮世绘除了反映日本特有的文艺思潮与造型艺术特色外，更兼具了近现代艺术中所谓大众的、消费的、享乐的、廉价的、平民化的普通艺术特点。在世界艺术史中，浮世绘呈现出特异的色调与风姿，历经260余年，影响深及欧洲、亚洲各地，19世纪欧洲的古典主义到印象主义各流派无不受到此种画风的启发。浮世绘艺术占据日本画坛，直至明治维新拉开序幕前才逐渐消退，这颗跨越三个世纪的东洋艺术明珠，在世界美术史上占有其光辉的一页。

（6）日式家具

日式餐厅的家具造型简洁，材质偏好自然，精致典雅。为了和席地而坐的生活习惯相适应，也与和式建筑中的榻榻米、窗格式、推拉门以及杉木天花板等室内环境格调相统一，家具款式一般呈低矮型，以直线为主，其中榻榻米是日本独有的铺地草垫，在日本的室内文化中极为重要。每当春、夏、秋、冬纷至沓来时，如果你是坐在和室的榻榻米上，那么你的坐姿视线恰好可以平视门外不同季节的自然美景。

正宗日式空间里的隔断都是以“轻”为主的，注重流动性，很少会用家具填满整个空间。日本人更喜欢宽敞明亮的居室，所以在家具的选择上，有独特的审美风格。

几乎大部分的日式家具都是低矮的，比如和桌就很有特色，而和椅的高度也极矮（没有椅腿），当日本人进行茶道的仪式时，坐垫常常代替常见的椅子。在家具的造型处理上，与建筑、园林、花道等艺术领域相似，日本人的审美意识中有将形态稍加挪动的习惯，故日式家具多采用非对称的造型设计，这种非对称的组合被视为日本设计艺术的独有特质。对非对称之美的执着，大到日本的庭院、神社设计，小到料理、花道、橱窗的摆放，随处都可发现。

由于日本民族在艺术审美上追求一种禅意，生活中倾向于淡泊静心，家具设计风格也是清新脱俗，别具一格。传统的和式家具制式，明显受中国传统文化的影响，而现代的和式家具制式，则受西方国家的影响较大，这使得日本家具既保留了东方文化的神韵，又蕴含有西方文化的特色。然而，本质上日本人还是很喜欢木质家具的，尽量保持木材的原色之美，他们不太喜爱皮革、金属等工业材料制作的家具。

日本传统家具的风格质朴简约，崇尚自然，并力图展现出它的功能性，减去不必要的装饰。在材料的选择上，大多采用樱桃木、榉木、藤、竹、草等作为基本材料，充分体现材料的天然、素色之美，朴素中见高雅。 家具的涂饰也多以透明的清漆为主，这是日本民族的性格和审美习性使然，也和他们在生

▲ 日式家具造型一般以直线为主

▲ 空间设计中崇尚禅味

活中注重禅意、超凡脱俗的精神理念有关。他们能在简单、质朴、静态的物体中，参悟出不简单、非质朴、具有活力与感染力的东西，从而感悟出一种精神境界。

其实，禅的实质就是要通过自我调心，来达到主体自我与客体自然界的和谐统一，达到精神上的超脱与安宁。这种心境是通过朴素的材料和简约的家具造型来满足参禅者的精神需求，在对人、对事和自然现象的观察与反省中，抒发"万法皆空、人生如梦"的感触，以及"随缘任远、超脱自如"的生活态度。家具设计中的禅味，多是受到佛教影响而表现出的一种特殊意境。对这种家具艺术中禅宗境界的欣赏，是参禅者的一种特殊的审美情趣与感受。

日本的家具设计在空灵、清淡、恬静、和谐的意境中，将禅宗的博大精深和深受禅理影响的文人精神境界表现得如此淋漓尽致，以至营造出一个令人永远神往的、诗禅合鸣的艺术世界。

▲ 家具款式偏向低矮

（7）日本色彩

色彩是餐饮空间设计中最重要的元素之一，受禅宗思想和日本神道教的影响，日本最初只认定"白、黑、青、赤"四色，并视白色为最尊贵、纯净之色，如同富士山上的皑皑白雪，平和而庄重。黑色也是日本人的钟爱之色，具有神秘、庄重的特质，它与禅宗有着深远的联系。青色被当作"和"色、东方色，在日本人眼中，冷色调的青色有着暖色的特性，所以日本屏风画上的青墨、青绿等色彩，能感受到柔美、清澈之情感，而流行于江户时代的浮世绘就是以青蓝色为代表，体现出一种清幽、简朴之美。

日式色彩追求自然，在自然光源下，就餐者的主要活动区域应选择安排在光线明亮而且分布比较均匀的位置。日式空间的门窗大都间接透光，也便于室内采光，还可使人充分享受自然景致，因为窗户本身就是光源。日式餐厅为营造一种舒适的整体气氛，照明风格也要塑造自然、宁静淡泊的氛围。

和室建筑是日本特有的建筑风格之一，到处都能看到浅茶色的墙壁、白色的屏风、茶色的茶几等令人沉静、舒缓的颜色。强烈的光线通过白色的屏风可以变得柔和，在榻榻米上进行折射后呈现出独有的情趣。榻榻米对光的反射率接近于人类皮肤的反射率，所以在和室的房间中人们会感到物我合一的和谐感。日本的和室建筑以清新淡雅著称，也许就是这种简单、朴素反映出了日本文化中的智慧吧。

▶ 和室建筑以清新淡雅著称

◆日本“隐语”

喜欢吃寿司的人也许都有留意到，在寿司店里酱油被叫作“木拉萨齐”（音译），就是日文中“紫色”的意思。可是酱油明明是黑色的，这是为什么呢？因为在日本的饮食文化中常常使用“隐语”，例如料理店里，要去洗手间的时候会说成“去一下三号”，生姜会叫作“咖力”，绿茶叫作“啊咖力”，碟子叫作“瓷麦”等，这些都不是其本来的发音和意思。

究其隐语的来源，要追溯到室町时代，酱油最初被发明时期，制作成本非常高昂。此后，江户时代开始使用酱油作为调味料，但由于其高于食盐价格七八倍之多，寻常百姓并不能轻易体验酱油的美味。另一方面，当时制衣印染也渐渐得到发展，而所有颜色中最难调和的就是紫色，紫色也因此作为一种高贵的颜色出现在少数贵族生活之中。所以“紫色”和“酱油”是当时人们对于高贵生活理解的最佳代表，酱油的隐语也由此而来。

3. 其他细节服务——和食礼仪

日本是一个非常注重礼仪的国家，不可以碰撞杯子之方式来干杯；不可将菜放入饭碗中；食用怀石料理时避免首饰摩擦餐具；食用“天妇罗综合拼盘”须从左前方开始食用；饭碗在左，汤碗在右，打开盖子需翻过来放 ；不能用筷子传递食物等。

日本人在用餐前后都要表达自己的感受，用餐前要说“开吃了”，以对食物及相关人员表示感谢，用餐后也要感谢款客者提供这顿美味的饭食。

中国的传统餐桌礼仪要求食而不言，可在日本的面馆这样做却是绝对失礼的。虽然日本人的用餐礼仪似乎感觉很严厉，但在某些时候又容许狼吞虎咽，如吃面的时候直接从汤碗里吸进嘴里，还要发出响声；又如吃寿司时直接拿手抓并浸一浸酱油放进嘴里，他们不会用筷子去吃寿司。

日本人用餐前摆放的筷子跟中国竖着摆放不同，一定要整齐地横向摆放在饭碗前方，据说这是因为日本一人一份的定食很多，不需要伸长筷子再到前方去夹菜的缘故。日本人的筷子比较短，前端细而尖，有一种说法是为了方便挑鱼刺。即使是一家人，一般都有自己专用的筷子，不和别人混用，也不能把筷子插在饭中，否则会被视为大不敬。另外，在日本干杯一般仅限于就餐开始时，而且杯中的酒不一定要一口喝完，可量力而行。

日本人的一餐饭食包括一碗饭、一碗味噌汤、两道或三道菜肴，配菜越多，那顿饭就越够体面。用餐的正确顺序是先喝一口热汤，后吃哪道菜都可，但不要只集中吃一道菜，也可按顺序循环吃每道菜，才能在同一时间吃完所有的菜。

日本社会的上下级关系在饮食方面也有所体现，例如日本人请客，就餐入席时，谁应该坐什么位置，不用说，大家心里都明白，很自然各就各位。在吃饭的礼节上，最后一点东西谁都不吃，要等到地位最高的人说三遍不吃了才会有人去吃。

▲ 日本和服

▲ 清雅的日式餐具

（四）

案例解析

项目名称 **北京茶室**

设计单位 隈研吾建筑师事务所

项目地点 中国，北京

隈研吾的设计特质

- 建筑要有与自然对话的情怀，尽可能保留对自然的热爱，以自然景观融合建筑理念，营造一种和谐、舒服的感觉，散发日式风韵又极具东方禅意的意境。
- “让建筑消失”，尝试用无秩序的建筑来削减建筑的存在感，追求建筑的透明性。
- 建筑材质多样化，比如岩石、原木、玻璃、竹子、瓦片等，不同的天然材料结合水、光线、空气来设计出流畅的动感，创造外表看似柔弱却更耐震且具有温馨与美的“弱建筑”。

这是隗研吾建筑师事务所完成的“北京茶室”，是一个传统四合院改造项目，地点就位于北京的心脏——紫禁城东大门的对面。隈研吾，日本著名建筑师，享有极高的国际声誉，建筑融合古典与现代风格为一体，曾获得国际石造建筑奖、自然木造建筑精神奖等。

茶室外观，是一个四合院式的建筑，面积 250m²。为了完成这个项目，设计团队使用了 4 种类型的聚乙烯空心砖建造。聚乙烯块是现代版砖石，隔热性能良好，并能让光线透入，营造柔和的空间。

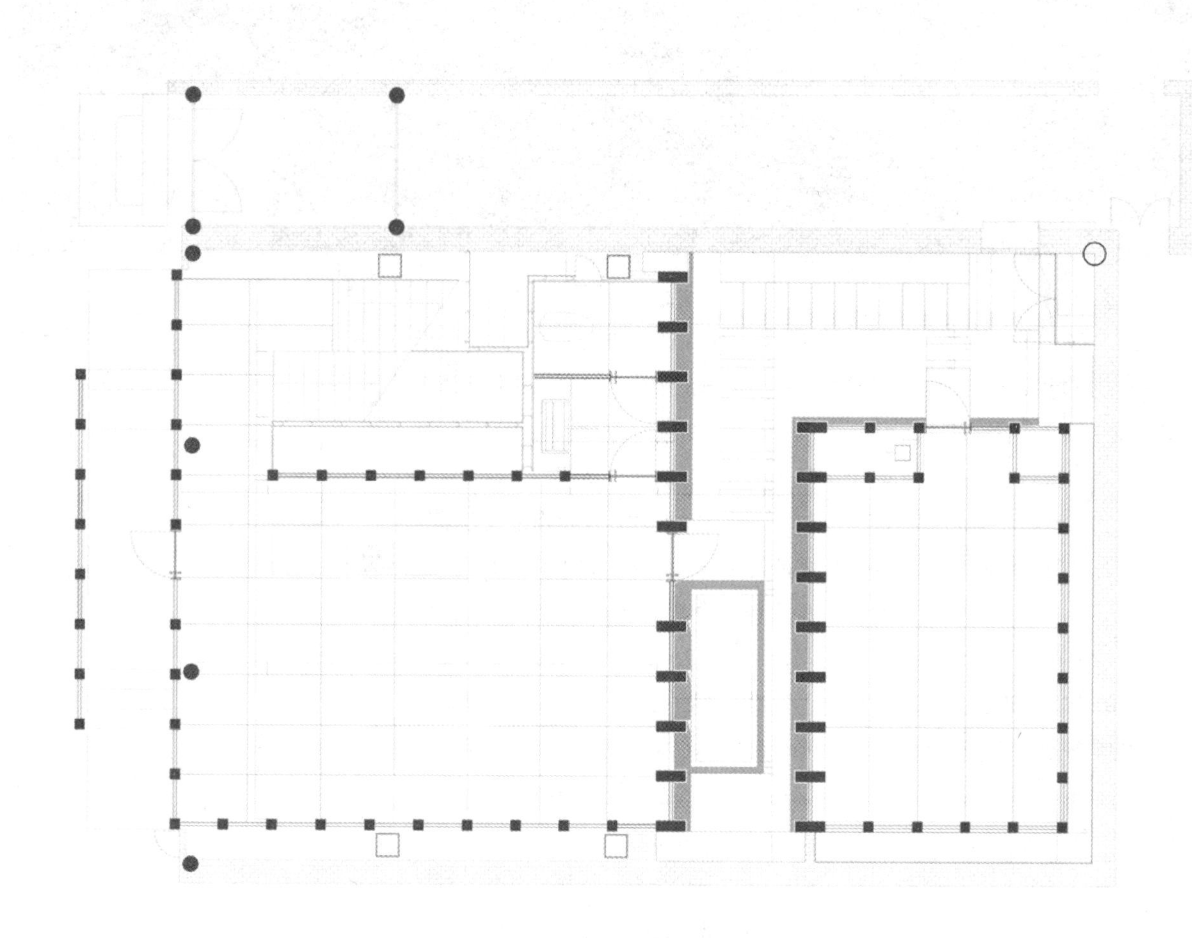

▲ 平面布置图

茶室离故宫咫尺之遥，窗外映掩着紫禁城一隅，站在屋顶的室外空间可以眺望故宫东华门、护城河和远处的白塔。露台由白色半透明塑料模块拼接而成，连同置于室外的几案和长凳也都采用了同种材料。远方夕阳下的紫禁城，是不是很美?

整个茶馆从天花板到墙壁均使用了“H”形和方形的半透明白色塑料模块进行拼接，使得阳光会有一部分可从墙体渗透进来。这样，室内采光很显自然，白天不用点灯，而且半透明的塑料模块还有一种大理石的质感，让茶室看上去更古典。

4 种类型的砖块通过旋转接合，作为扩展部分的结构，光透过去就像透过四合院使用的纸张一样。然而这项设计对于北京人来说，评价不一，有人认为过于冷色调的材质，不符合茶室应该具备的温暖舒心氛围；但也有人表示，此种设计仍然表达出一种温和禅意的意境，是另一种现代中国特色。

对于隈研吾设计团队来说，透明性不只是单纯视觉上的连续性，他们期望以现代的高科技和地域性的自然素材来结合，使这种理念在现代社会中得以再生，这也是传统性、地域性与科技性、全球性相结合的一种尝试。

浅色聚乙烯空心砖能像纸一样通过光线，“皇家”配色的大花地毯、藤编或皮质座垫，处处匠心。

褐色地毯、皮质座垫、古风花瓶和字画……所有布置和窗户外露出的紫禁城一角显得十分和谐。

项目名称 **Shato Hanten 餐厅**

设计单位
限研吾建筑师事务所

项目地点
日本，大阪

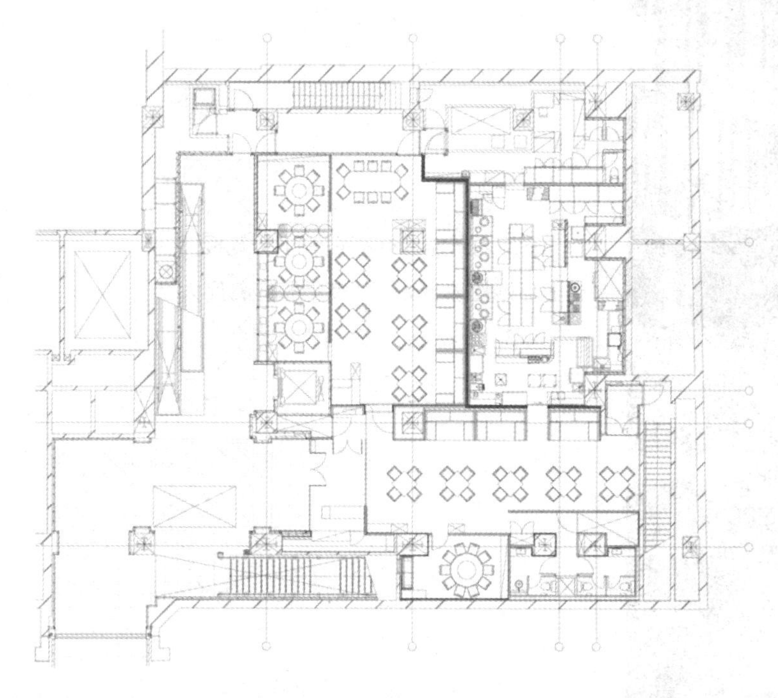

◀ 平面布置图

Shato Hanten 餐厅位于大阪中央区，具有独特的品味，设计师们别具匠心的设计，使这座餐厅在拥有美食佳肴的同时，也给人们带来了一场视觉盛宴。

餐厅内悬挂着参差不齐的“天花板”，桌上巧妙摆放聚光灯，使得整座餐厅大气又不失优雅，餐厅内的树叶图案让我们仿佛置身于森林之间。

隈研吾强调材料的结构特征，因为反感封闭的建筑空间，他用垂直的线条来向人们证明了墙体是可以被消隐、分解甚至呼吸的。

在隈研吾看来，建筑不是为了争艳，而是营造一种和谐、舒服的感觉。

第四章

法式餐饮

时装、香水、美食是法国形象的三大象征。在这个浪漫而艺术的国度，饮食早已不仅仅是生存的必需，它更是一种生活的哲学、生活的艺术，是创造的源泉。

说到法餐，我们往往会有一些先入为主的印象，比如鹅肝、鱼子酱、松露、香槟、葡萄酒、傲慢的侍者、天书般的菜单、洁白的桌布和餐巾，还有精致的摆盘。法国大餐就像是一支浪漫的小夜曲，如果说这个世界上还有哪个国家的人会像中国人那样善待美食，倾注全部身心并乐此不疲，那就是法国人。

法国是一个气候温和、土地肥沃、物产丰富和经济发达的国家，给烹饪的发展提供了十分有利的条件。闻名世界的法国料理，具有豪华的高尚品位，世世代代的法国人都坚信，世界上最好的佳肴盛宴必定出自他们的故土。墨西哥法语语言联合会曾出版过一本杂志，这样写道，“欧洲各民族中，唯有法国人真正关心他们的饮食……毫无疑问，在西方世界里，如果一家饭店以其烹饪而著称，那么灶头的上方肯定飘扬着法国三色旗。如果在慕尼黑、苏黎世或伦敦，有人表现出不一般的厨艺，他也是从法国人那儿学来的。”有一位世界级膳食家曾说过，“感受餐桌上的就餐气氛，就可以判断这个国家国民的整体个性。看看法国人的美味佳肴以及用餐方式，不由得会让人想起克莱德曼手指下流淌出来的串串音符，浪漫而隽永，让你充分领略法式大餐散发出来的馨香艺术情调。”

法国人不仅对食物本身的营养和味道特别讲究，而且还追求用餐时的情调。他们将共同用餐看作是结交朋友、联络感情的一种方式。一盘菜肴或者一种烹饪方法，似乎都可以了解到一个民族文化的历史。法国人认为美食不仅是一种享受，更是一门艺术。他们非常讲究饮食文化，因此也获得了全世界饕餮之徒的追捧。法国是一个将美食视为一门绝高艺术的国家，主厨的地位等同于艺术家，他们对美食料理都抱有高度的热忱，致力追求高度的创作表现与艺术境界是每个厨师的目标。

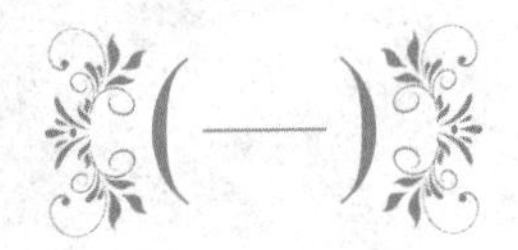

法国饮食文化

美食对法国人而言，不仅是生活的片段，而且还是一种态度，甚至是一门基本的生活艺术，这是法国菜经久不衰的原因。另外，法国人的浪漫情怀，也创造出许多浪漫、美妙的生活方式，尤其是贵族，他们骨子里透露出来的奢靡和享乐主义，在宴会、狩猎等活动中，红酒享用必不可缺，这也促使其形成了享誉世界的酒文化。由此说来，法国的饮食之所以举世闻名，与该民族对于美食孜孜不倦的追求密不可分。

法国人的饮食艺术品位极高，名菜也多不胜数，其中以鹅肝酱、海鲜、蜗牛、乳酪芝士等最为人们熟悉。法国的餐厅食肆种类多样、等级繁多、丰俭由人，有富丽堂皇的传统法式餐厅、富有地方特色的餐馆，还有露天咖啡茶座等，选择之多，堪称美食天堂。大部分的餐厅都会提供套餐或散餐供顾客选择，套餐通常包括前菜、主菜及甜品，散餐则可让顾客按自己喜好选择食物种类，但散餐的价钱比套餐昂贵。

“法国人是为吃而生存”，这句话将法国人讲究吃的艺术形容得入木三分。一位法国烹饪家曾有过一句名言，“发现一道新菜，要比发现一颗新星给人类造福更大。”这句名言也揭示了法国烹调技术经久不衰、不断发展的原因。

法国与意大利、西班牙、英国和德国相邻，这又有利于法国烹饪博采众长。1533 年，意大利公主凯瑟琳下嫁法国王储亨利二世时，带了 30 位厨师前往，将新的食物与烹饪方法引入法国。法国人将两国烹饪的优点相融合，并逐步将其发扬光大。路易十四是个讲究饮食的皇帝，他别出心裁地发起烹饪比赛，厨师们竞相献艺，各露绝招。路易十五、路易十六又都被称为“饕餮之徒”，皇室和贵族也以品尝美酒佳肴为乐，一大批厨师制作出了风味各异、品种繁多的菜式。有一位杰出的厨师根据当时的菜式，还曾编写过一部烹饪专著。17 世纪时，贵族和中产阶级开始学习意大利人用刀叉吃东西，并具备了今日西餐礼仪的基本模式。经过二三百年的不懈努力，终于青出于蓝而胜于蓝，法国菜彻底征服了各国的美食家，成为欧美西餐的代表。

▲ 让·弗朗索瓦·特鲁瓦的《牡蛎宴》

▲ 埃菲尔铁塔

1. 区域美食概况

类别	文化特征	代表菜式
阿基坦地区	阿基坦地区的美酒佳肴远近驰名，是一个名副其实的美食天堂，其中波尔多市更堪称为美食之都。头盘主要有香蒜汤、鸭肉卷心菜浓汤，主菜则包括鹅肝酱、肉冻、鸭肉片、酿鸭颈以及炖肉。	 香蒜汤
勃艮第地区	该地区是法国蜗牛的“开山鼻祖”，也是洋香芹、火腿冻的发源地。不过，最具特色的恐怕非红酒煮蛋莫属，而这款美味菜式也是所有餐厅的必备菜式。在勃艮第地区，牛肉于餐牌上占有重要席位，因为此地也是夏洛莉牛的原产地，据称此牛肉是法国的顶级极品。	 红酒葱烧牛肉
卢瓦尔河谷地区	该地被誉为“法国花园”，盛产新鲜蔬果，包括爽甜结实的梨子、甜美多汁的苹果、红彤彤的士多啤梨。每逢秋季，这里遍野紫色石楠花，丛中长满野生蘑菇。很多巴黎人都喜欢在秋天来打猎和捉野鸭。餐厅一年四季都有新鲜河鱼供应，还有当地出产的羊酪芝士 Chevre。	 羊酪芝士
香槟亚丁地区	此区以野味菜驰名，最出色的是烟火腿、肉批和肥美的野猪。特瓦市的香肠在法国非常有名。	 小香肠

2. 法国特色美食

名称	文化特征	代表图片
烤蜗牛	被视为“肉中黄金”的蜗牛营养丰富，极具药用价值，在众多食用蜗牛的国家中，法国蜗牛最有名气。法国人一直将食用蜗牛视为时髦和富裕的象征，每逢喜庆节日，家宴上的第一道冷菜就是蜗牛。法国蜗牛的烹调别具特色，一般以烤为主。	
鹅肝酱	法国鹅肝酱是与鱼子酱、松露齐名的世界三大美食珍品之一，是法国的传统名菜。	
活牡蛎	驰名世界的法国大菜以海鲜为特色，最值得称道的便是俗称“蚝”的牡蛎。蚝是一种有“海中牛奶”之誉的海洋生物，富含人体必需的蛋白质和微量元素，尤其在生食时营养价值极高。	
法式面包	法国面包是法式饮食中最具特色的食品，因外形像一条长长的棍子，故又俗称为“法式棍”，是世界上独一无二的一种硬式面包。	

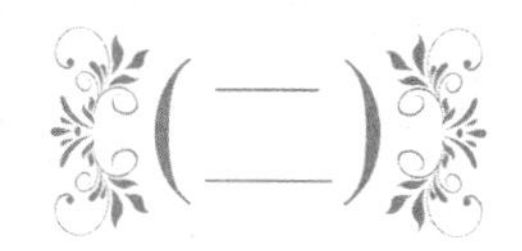

法式餐饮的特点

1. 讲究调料

法国菜十分讲究调料，常用的香料有百里香、迷迭香、月桂（香叶）、欧芹、龙蒿、肉豆蔻、藏红花、丁香花等十多种，其中以胡椒最为常见，几乎每菜必用，但不用味精，极少用芫荽。调味汁多达百种以上，既讲究味道的细微差别，也考虑色泽的不同，使食用者回味无穷，给人以美的享受。

法国菜具有选料广泛、用料新鲜、装盘美观、品种繁多的特点。菜肴一般较生，有吃生菜的习惯。在调味上，用酒较重，讲究什么原料用什么酒。他们的口味肥浓，喜鲜嫩而忌辣，猪肉、牛肉、羊肉、鸡、鱼、虾和各种烧卤肠子、素菜、水果等均是他们喜爱的食品，尤其爱吃菠萝。进餐时，冷盘为整块肉，边切边吃。法国餐在对菜的配料、火候的讲究、菜肴的搭配、选料的标准以及烹调的细腻性和艺术性等方面都在其他西餐之上。

▲ 迷迭香

▲ 欧芹

2. 菜式简单

法国餐的菜单很简单，主菜不过十来种，但都制作精美。点菜的顺序依次是：头道菜一般是凉菜或汤，尽管菜单上有多个品种的“头道菜”供你选择，但只能选择一种，上菜之前会有一道面包上来，吃完了以后服务员帮你撤掉盘子开始上第二道菜；第二道是汤，美味的法式汤类，有浓浓的肉汤、清淡的蔬菜汤和鲜美的海鲜汤；第三道菜是正菜，这是法式菜中最具发挥力的一道菜，往往做得细腻、考究，令食客难忘；最后一道是甜食，法式的甜品被认为举世无双，清香、软滑的甜品，使整个就餐的尾声完美而回味无穷。正餐里最多的是各种“排”——鸡排、鱼排、牛排、猪排，这种排是剔除骨头和刺的净肉，再浇上独特的汁料，味道鲜美，吃起来也方便。

▲ 用低廉的洋葱加奶酪和面包片熬制的浓汤——洋葱汤

◆法国奶酪的幸福哲学

奶酪是具有极高营养价值的乳制品，每公斤奶酪都是由 10 公斤的牛奶浓缩而成，一般呈乳白色或金黄色，故又有“奶黄金”之美称。法国奶酪品种丰富，高达 400 多种，也就是说法国人可以天天吃不同种类的奶酪，因此在法国人的餐桌上，奶酪也是每餐的必备品。

吃奶酪是一门艺术，正确的搭配方式可以更好地感受其浓郁的风味。一般来说，温和的奶酪，一定要配上柔顺的葡萄酒；味道咸重的奶酪，则要搭配比较浓烈的红酒；新鲜初熟的奶酪，应选择质地较脆的法国面包；浓郁陈年的奶酪，则适合味道偏重的全麦面包。

旧时，阶级划分决定奶酪的地位，富裕家庭把奶酪当作休闲食品，更多的穷人则把奶酪当成主食。对法国人来说，吃奶酪就是讲究，他们认为，每一块奶酪都是唯一的、独特的，一块真正有灵魂的奶酪，代表着一种哲学，拥有奶酪就等于拥有了幸福。法国人会告诫自己的子女当心那些不喜欢酒、松露、奶酪和音乐的人，因为那是没有品位的象征。

真正的法国奶酪必须用最好的牛奶来酿造，不含任何激素与药物，因为法国人坚信，是细菌让奶酪有了灵魂。为了保护幸福，他们宁愿付出高昂的生产成本，因为他们觉得，就像葡萄酒艺术一样，奶酪也是这个国家的灵魂。

▲ 奶酪

3. 法国葡萄酒文化

法国葡萄酒在世界上名气很大，葡萄酒文化是伴随着法国的历史与文明成长和发展起来的，已渗透进法国人的宗教、政治、文化、艺术以及生活的各个层面，与人民的生活息息相关。作为世界政治、经济与文化大国，法国葡萄酒文化也影响着全世界人们的生活方式与文化情趣。

法国的优质葡萄酒具有浓郁、柔和的特点，好的葡萄酒每瓶几十欧元，有的几百甚至上千。法国的酒主要分三大类，红、白葡萄酒是一类，白兰地是一类，然后就是香槟，都是以葡萄作为原料，不像中国人以粮食酿酒。这种酒的生产历史悠久，质量不错，价格因地而异，满足不同消费者的口味和需求。

最常喝的红、白葡萄酒，产地很多，主要是波尔多、勃艮第、阿尔萨斯、博若莱等地，酿造方法有的工业化，有的采用家庭传统式在祖传的古堡内酿酒，酒瓶上的商标注明产地或古堡的名字。白兰地比葡萄酒稍贵一些，著名的白兰地产于中西部一个叫干邑的地方，后来地名就成为酒名了。我们所知的路易十四、人头马、拿破仑、轩尼诗等就是不同品牌的酒类，均闻名于世，成为法国高品质文化的象征。香槟酒产于东部兰斯一带的香槟地区，这种酒浅黄色、加汽、有甜味，饭前当开胃酒喝，有时也配正餐。香槟具有奢侈、诱惑和浪漫的色彩，在历史上没有任何一种酒可媲美它的神秘性，且给能人一种纵酒高歌的豪放气概。香槟作为葡萄酒中之王，带点宫廷酒的意思，一直是法国皇族和世界名流显贵餐桌上的佳酿。它是法国的民族骄傲，现在仍是所有欢乐、光荣或温馨时刻必不可少的伴侣，成为法式生活的象征。

法国人一年到头似乎都离不开酒，一日三餐，顿顿都有酒。他们习惯于饭前用开胃酒疏通肠胃，饭后借烈酒以消食。在法国，葡萄酒是一种有着丰富内涵的特殊文化，已经成为法国人民生活的重要部分。

▲ 法国酒窖

▲ 葡萄酒油画

4. 法国咖啡文化

对法国人而言，他们的日常生活离不开咖啡，咖啡对他们来说不只是一种饮品，更隐含着丰富的文化内涵。遍布城市与乡村的咖啡馆是法国生活方式的一种标志。

早在 1686 年，意大利西西里岛的商人来到这里创办第一家咖啡馆后，巴黎的咖啡馆就一直兴盛不衰。人行道、广场、花园，几乎无处不是咖啡馆，并且生意异常红火。有人曾把咖啡馆比作是法国的骨架，说如果拆了它们，法国就会散架。徐志摩也说过，“如果巴黎少了咖啡馆，恐怕会变得一无可爱。”

法国的咖啡文化源远流长，绝非吃喝消遣这般简单。一杯咖啡配上一个下午的时光，这是典型的法式咖啡，重要的不是味道而是那种闲适的态度和做派。法国人喝咖啡讲究的是环境和情调，在路边的小咖啡桌旁看书、写作，高谈阔论，消磨光阴。21 世纪以来，咖啡馆成了社交活动中心，成了知识分子辩论话题的俱乐部，以至成为法国社会、文化的一种典型标志。

法国人的血管中流淌着拉丁民族热烈奔放的血液，他们热衷于高谈阔论、张扬自我。中世纪封建王朝年代，宫廷是法国文化生活的中心，上流社会的沙龙一直引领着法国的大众文化和生活时尚。皇宫贵族轻松优雅、浪漫多彩的生活方式影响了大众的生活情趣。咖啡馆在百姓（尤其是知识分子）的社交生活中，传承的是贵族沙龙的某些交际功能。

白色的桌子、蓝色的咖啡杯、随风飘扬的遮阳棚、忙碌的服务生，当然还有悠闲的风琴，这些都是法国咖啡馆的特色所在。这些咖啡馆在协和广场、香榭丽舍大街、蒙马特和蒙帕那斯诞生，而后走向辉煌。法国的文学和艺术新思潮在这里生根发芽，这些咖啡馆也亲眼目睹了法国文化从萌芽走到鼎盛。毕加索、左拉、海明威等都曾在这里编织他们的梦想，度过他们的年轻时代。那些尚未成名，来自不同国家的贫困画家和作者会在温暖的咖啡馆中从早晨一直聊到黑夜，他们交谈切磋，相互影响，思想和激情常常碰撞出灿烂的艺术火花，创作出不同凡响的艺术作品。

海明威说过，“如果你有幸在年轻时去巴黎，那么以后不管你走到哪里，它都会跟着你一生一世，巴黎就是一场流动的盛宴。”轻松随意、不拘一格的咖啡馆文化会让人一扫疲惫，全身心地沉入法式的优雅和浪漫。

▲ 巴黎街头的咖啡馆

❀ 5. 讲究情调，注重礼仪

小贴士

◆法国用餐礼仪

①注意仪态，忌用餐巾用力擦嘴，只需用餐巾一角抹去油渍即可。

②不要靠在椅背上，姿势要坐正，进餐时身体略向前，两臂紧贴身体，以免撞到临桌。允许双手放在桌上，但不可将双肘放在桌上。

③用刀叉时，从最外面的餐具开始。

④用过的刀叉，并排放在碟子上，叉齿朝上，避免乱放。

⑤吃肉类（如牛排）时从边上开始切，吃完一块再切下一块，不吃的部分需移到碟边。

⑥如果调味料放得太远，取不到，可要求对方帮忙，但不要站起身来拿。

▲ 精美的餐具成为身份和地位的象征

法国人十分注重用餐的礼仪，餐具的摆放是饮食文化的内容之一，在法国，最简单的摆放方法，是将盘子放在面前正中位置，餐巾放于盘内，盘子左边放餐叉，右边放餐刀和汤匙。盘子的正前方从左至右依次是水杯、红酒杯和白酒杯。

法国人不仅注重用餐礼仪，还特别追求进餐时的情调，甚至将饮食赋予哲学的意义，认为个人饮食应符合各自的教养与社会地位，并将就餐视为一种联络感情、广交朋友的高雅乐趣和享受。法国人对于食物绝不只是停留于填饱肚子这么简单，它更是一种享受生活的态度。享用一顿正式的法国菜要花上四五个小时，从开胃菜、海鲜、肉类、乳酪到甜点，虽然程序繁复，但重要的不是吃进多少食物，而是在品尝佳肴中充分享受餐厅的高级气氛，欣赏餐具与食物的搭配。

比如精美的餐具、幽幽的烛光、典雅的环境等，大一点的餐厅大都布置得富丽堂皇。有的店里还存有 16 世纪路易十四时期的豪华家具，以及精致的银餐具、水晶杯子等昂贵、华丽的饰品；有的餐馆把艺术收藏品作为店里的主打，墙上的名画是真正的珍品，绝不是装点门面的一般艺术挂画；也有的餐馆还将自己的收藏爱好放到店里与客人共享收藏乐趣。即使饭店的历史很短，他们也能想办法摆满各式鲜花，与品尝美味是绝好的情景交融。

▲ 法国兰斯克莱耶尔城堡酒店

6. 烹饪情结

法国人向来对烹饪情有独钟，对他们来说，烹饪不仅是一种重要的生活技能，也是一门艺术，能给人们带来美好、精致的享受。享誉全球的法国蓝带厨艺学院，更是精湛厨艺的象征。少有厨艺机构能有如同蓝带厨艺学院一般这样悠久的历史，这所世界上知名的厨艺学校，起源于巴黎这座美食、艺术之乡。

▲ 法国蓝带厨艺学院标志

▲ 米其林星级标志

1578 年，法国国王亨利三世创立“圣灵骑士团”，由国王亲自任命的皇家骑士身上都佩有一枚系着蓝带的十字勋章，而他们就是专为宫廷庆典准备美味佳肴的人，“蓝带”由此成为卓越厨艺的象征。1895 年，世界上第一所厨师学校——法国蓝带厨艺学院在巴黎成立，100 年后蓝带分校遍布全球。

在法国，厨师属于艺术家的范畴，那儿有一家全球闻名且历史悠久的、为这些艺术家及他们的创作场所做权威鉴定的机构——米其林。1900 年，米其林轮胎的创办人出版了一本供旅客在旅途中选择餐厅的指南，即《米其林红色宝典》，此后每年翻新推出的宝典被美食家们奉若至宝，被誉为欧洲的美食圣经。后来，它开始每年为法国的餐馆评定星级。

米其林星级的含义是：一颗星——同类别中很不错的餐厅，不容错过；两颗星——出色的菜肴，值得绕道前往；三颗星——出类拔萃的菜肴，值得专程前往。

MICHELIN	《米其林红色指南》餐厅评鉴符号
	传统奢华
	绝对舒适
	非常舒适
	很舒适
	舒适
	米其林轮胎先生头像：这里有价格合理的美食

◆薰衣草香气

提到法国的普罗旺斯地区，可能在脑海里第一个出现的会是代表甜美爱情的薰衣草。其实不只是在普罗旺斯，走在法国许多城市的绿道上，人们总能看到紫色的薰衣草在风中摇曳。

普罗旺斯是世界闻名的薰衣草故乡，其最令人心旷神怡之处，是它的空气中总是充满了薰衣草、百里香、松树等的香气。这种独特的自然香气是在其他地方无法轻易体验到的，其中又以薰衣草最为得天独厚且受到喜爱。由于充足、灿烂的阳光最适宜薰衣草的成长，再加上当地居民对薰衣草香气以及疗效的钟爱，因此在普罗旺斯，不仅可以看到遍地薰衣草紫色花海翻腾的迷人画面，而且在家中也常见挂着各式各样薰衣草的香包、香袋，商店也摆满由薰衣草制成的各种制品，如薰衣草香精油、香水、香皂、蜡烛、花草茶等。

▲ 薰衣草花海

米其林指南的第一个独特之处在于，它使用匿名的“美食侦探”对餐厅进行拜访和评选，以避免获得特殊待遇，有违客观、公正原则；第二个独特之处在于，它的评级不是终身制的，而是每年更新信息，对餐厅给予升级或者降级处理。法国餐厅的大厨们对于“米其林指南”可谓又爱又怕：爱的是，如果获得指南的垂青，餐厅一定生意兴隆；怕的是，如果一不留神，菜品质量下降，既丢生意又丢面子。进入21世纪以来，信息的传播日益发达，“米其林指南”已经远远不是餐厅信息的唯一来源，但是，它的价值仍然不容忽视，对厨师来说，为餐厅赢得“三颗星”是很多大厨的梦想和毕生追求；而对消费者来说，米其林三星代表着美食的最高标准。

7. 香水文化

香水文化，最主要的是香水，而香水最精华的当然就是香气了。香气是法国人生活的另一方面。作为世界上最大的香水生产国，他们用香的讲究已经达到了无与伦比的地步。当人们劳累一天回到家里，点上香熏，沉浸在充满香气的热水里，空气中弥漫着自己喜欢的香味，那种放松和惬意在不经意中变成了实实在在的生活享受，可以说香水于生活中，带给法国人意想不到的享受。

▲ 香奈儿五号香水

香水是一种技术产品，但它更是一种文化产品。配制香水是一个复杂的过程，需要依据人们审美情趣的变化和要求来创造。而随着科技的发展，越来越多的香精原料会加入到香水的调配之中，丰富我们的香熏文化。

香水的选用非常讲究，每种香水都有其内涵和审美效果。首先要分清是女用还是男用，女用香水除使本身得到满足之外还要对男性有吸引作用，而男性香水则反之。其次，选用香水要考虑使用场合、对象、季节、时辰、服饰、年龄、身体状况等因素，要做到个人与他人相宜、场合时辰相宜、浓淡相宜等。也可以说，选用香水是对选用者文化素质和个人修养的测定。

香水最主要的作用就是让人嗅出美，嗅出享受。香水彰显出嗅，而嗅觉与情绪之间的密切关联能让人在空间中营造出独特标识，因此在饮食情调中，香氛的设计也是实现装饰功能、塑造美好心情的关键，是精致氛围的点睛之笔。

（三）

法式餐饮空间氛围的营造手法

1. 整体装饰设计

法国人的浪漫是世人公认的，在餐厅设计上亦是如此。他们对生活非常讲究，因此法式风格的装修以宏伟、豪华见长，华丽和迷人是法国餐厅设计最大的特点。

在法式餐厅，要达到法式风格中的奢华贵族气质，就必须要注重整体格调的气势感。整体的线条要突出一种对称性，最好以一个突出的轴线来进行表达，这样看起来会更加庄重。虽然一些不对称的装饰方法较为现代，但相对来说却具有随意性，不能充分表达出法式风格的特点。

法国餐厅装修以纤巧、精美、浮华、繁琐为主，讲究与自然的和谐。细节处理上运用了法式廊柱、雕花、线条，制作工艺精细考究。运用了大量的 C 形、S 形和涡旋状曲线纹饰蜿蜒反复，创造出一种富有动感的、自由奔放的装饰样式，主色调多用暖色。

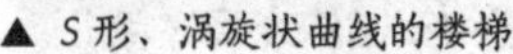

▲ *S形、涡旋状曲线的楼梯*

建筑多采用对称造型，屋顶采用孟莎式，坡度有转折；屋顶上多有精致的老虎窗，呈圆形或尖形，造型各异；外墙多用石材或仿古石材装饰。设计上追求心灵的自然回归感，给人一种扑面而来的浓郁气息。开放式的空间结构、随处可见的花卉和绿色植物、雕刻精细的家具……所有的一切均从整体上营造出一种田园之气，体会到法国悠然自得的生活和阳光般明媚的心情。

有一种设计风格叫法国乡村风格，亦称田园风格。其最突出的特点是生活气息浓郁、悠闲、简单，这可以从法国人的生活习性看出来，他们非常懂得享受生活。法国餐厅的田园风格完全使用温馨、简单的颜色及朴素的家具，以人为本、尊重自然的传统思想为设计中心，使用令人备感亲切的设计元素，创造出如沐春风的感官效果。法式田园少了一点美式田园的粗犷，少了一点英式田园的厚重和浓烈，多了一点大自然的清新，再多一点普罗旺斯的浪漫，而浪漫就是法国餐厅设计的灵魂所在。

▲ 法式老虎窗，老虎窗是天窗的演变，天窗即屋顶窗，主要用于通风采光

◀ 法式廊柱，主要指房屋周围的回廊或前后廊子的柱子

◀ 巴黎圣母院宗教人物雕塑

◀ 凡尔赛宫雕塑

▲ 法国卢浮宫

▲ 墙面的悬垂花蔓、碎花丝带等雕饰

2. 软装配饰

（1）家具

法国作为浪漫之都，装饰艺术风格最集中的体现是在家具的设计方面，布局上突出轴线的对称、恢宏的气势，高贵典雅；细节处理上注重雕花、线条，庄重大方，充分彰显出主人的高贵身份与地位，让人有一种进入贵族生活圈的奇幻色彩。

柜子整体样式具有华美、浑厚的效果，特别是在把手和柜边的部分，运用金箔，色彩华丽，构成室内庄重、豪华的气氛。法式家具常用洗白处理与华丽配色，洗白手法传达法式乡村特有的内敛特质与风情，配色以白、金、深木色为主调。结构厚重的木制家具（例如圆形的鼓型边桌、大肚斗柜）搭配抢眼的古典细节镶饰，呈现皇室贵族般的品位。

法式风格家具一般是指 18 世纪法国路易十五时期形成的风格，分为巴洛克和洛可可两种样式，但是统称为法式风格。

①巴洛克式

巴洛克式从 16 世纪后期到 18 世纪初盛行于欧洲，首先在罗马出现。其风格特点没有统一的标准，代表了一种绚丽、激情、宏伟和豪华。巴洛克风格在其艺术观念中，含有加强形式和视觉效果的因素。它摒弃尺度和规范，酷爱曲线和斜线，剧烈的扭转产生的戏剧性效果和表现力是强烈而巨大的。使用许多宗教题材，有时加入天使和魔鬼等神话中的人物，纹样较为粗犷奔放，色彩对比鲜明，但制作工艺精细。

▲ 巴洛克风格家具

▲ 巴洛克风格装饰纹样

②洛可可式

洛可可式是法式家具里最具代表性的一种风格，形成于 18 世纪，是法国王室的末代风格，沿袭了巴洛克时期的技术和特质，包括巴洛克柔和的线条及诱人的色彩。洛可可式家具带有女性的柔美，最明显的就是椅子腿，可以感受到那种秀气和高雅，注重体现曲线特色。巴洛克时期的绘画主要描述圣经和古典艺术中的高贵景象，洛可可艺术时期则大相径庭，它表达的是更私密、更强烈的感情。洛可可风格常用 C 形、S 形、旋涡形等曲线为造型装饰，构图注重非对称法则，带有轻快、优雅的运动感；色泽柔和艳丽，给人舒适感，崇尚经过人工修饰的“自然”；带有贝壳元素，洛可可一词也源于“贝壳”这个词。

▲ 洛可可风格装饰纹样

▲ 洛可可风格家具

▲ 法式贵族蓝窗帘

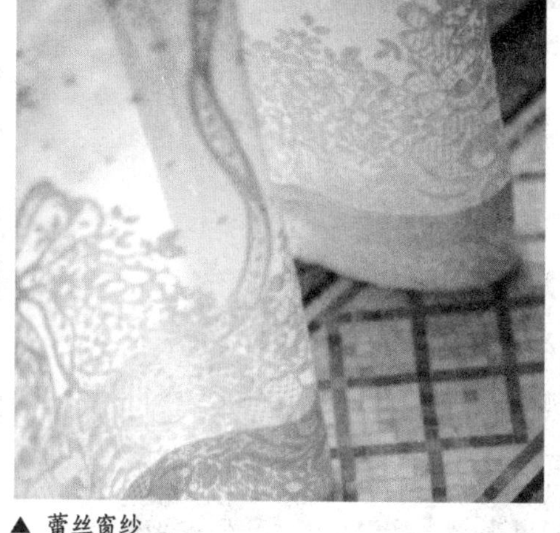

▲ 蕾丝窗纱

▲ 单人沙发

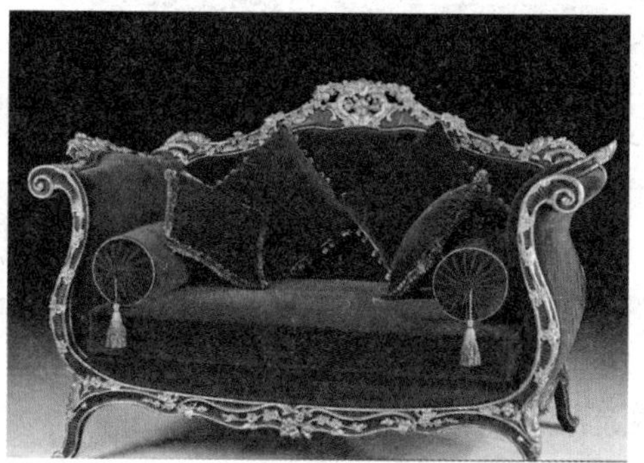

▲ 双人沙发

（2）布艺

关于法式的餐饮布艺要从法国的服装说起，法国服装的特点是具有民族性，有宫廷的雍容华丽之感，在色彩上偏向以蓝（又称贵族蓝）、黄（又称金色）、红为主打色彩，材质多为天鹅绒加蕾丝的点缀。

精致法式餐饮氛围的营造，布艺是很重要的搭配，窗帘、椅子、桌布等布艺的选择上，要注重质感和颜色是否协调，是否与墙面色彩以及其他家具合理搭配。如果选择得当，配以柔和的灯光，更能衬托出法式风格的曼妙氛围。

▲ 紫色鸢尾花

▶ 紫色花艺

（3）花艺及其他装饰品

鲜花于法国人而言，是不可或缺的东西，不分何种空间，不论何种氛围，处处都有花艺的存在，因为在法国人眼里，这是他们浪漫的代名词。

玫瑰花、金百合以及卷草藤叶茎类的植物，在法式风格的氛围营造中起到不小的作用，辅以当地特有的普罗旺斯风情的紫色植物，处处都可以看见它们的踪影。法式风格不仅浪漫舒适，也洋溢着一种文化气息。配饰元素中的雕塑、工艺品、具有典型代表意义的油画以及一些浪漫的元素，共同营造出法国人悠然自得的美好生活画面。

◆ Chinoiserie，浪漫法式中国风

17世纪中期，中国明、清两朝交替的动乱给对外商贸带来契机，以此在欧洲诸多国家掀起一股中国风的热潮。到18世纪，出现了当时非常流行的一种法式装饰艺术风格——Chinoiserie，它是中国文化在欧洲传播的典型代表，至今仍影响着今日的艺术装饰领域。

▲ 浪漫法式中国风的壁纸

Chinoiserie的设计，风格鲜明，以中国园林、人物、动植物或风景为创造题材，在色彩搭配和构图形式上也充分借鉴了东方的艺术特色。同时，它又是被欧洲人虚幻、想象出来的“中国”，充满了神秘、浪漫与奇遇。Chinoiserie虽然兴起于荷兰，却在德国、英国、意大利等国家流行，整个西方世界都迷恋它身上散发出来的时髦味道。特别是在18世纪的法国，Chinoiserie让凡尔赛所有贵族迷恋，其富丽堂皇的色彩、奢华繁复的芬芳图案和自然主义的园林意趣等均在居室中华丽地呈现。

▲ 浪漫法式中国风的室内居室

▲ 浪漫法式中国风的单人椅

3. 其他细节服务

（1）法式服务特点

传统的法式服务在西餐服务中是最豪华、最细致和最周密的。通常，法国餐厅装饰豪华、高雅，以欧洲宫殿式为特色，餐具通常采用高质量的瓷器和银器，酒具也常采用水晶杯，提供手推车或在桌旁现场为顾客加热、调味及切割菜肴等服务。服务台的准备工作很重要，通常在营业前做好一切准备工作。法式服务注重服务程序和礼节，注重吸引客人的注意力，服务周到，使每位顾客都能得到充分的照顾。但是法式服务节奏缓慢，需要投入较多的人力，用餐费用较高，餐厅的利用率和餐位使用率会受到一定影响。

（2）法式服务方法

①法式服务的摆台

餐桌上先铺上海绵桌垫，再铺上桌布，这样可以防止桌布在餐桌上滑动，也可以减少餐具与餐桌之间的碰撞。摆上装饰盘，装饰盘通常采用高级的瓷器或银器等材质制成，距离餐桌边缘1~2cm。将装饰盘的中线对准餐椅的中线，一般盘的上面放餐巾，左边放餐叉，餐叉的左边放面包盘，面包盘上放黄油刀；盘的右边放餐刀（刀刃朝向左方），餐刀的右边放一个汤匙，餐刀的上方放置各种酒杯和水杯；装饰盘的上方摆放甜品的刀和匙。

②传统的二人合作式服务

传统的法式服务是一种最周到的服务方式，由两名服务员共同为一桌客人服务，其中一名为经验丰富者，另一名为助理服务员，也称为服务员助手。服务员请顾客入座，接受顾客点菜，为顾客斟酒、上饮料，在顾客面前烹制菜肴，为菜肴调味，并分割菜肴、装盘、递送账单等。助理服务员则帮忙把装好菜肴的餐盘送到客人面前，并撤离餐具和收拾餐台等。在法式服务中，服务员在客人面前常做一些简单的菜肴烹制表演，而她的助手则帮忙递送每一道菜。通常，面包、黄油和配菜从客人左侧送上，因为它们不属于一道单独的菜肴，从客人右侧用右手斟酒或上饮料，从客人右侧撤出空盘。

③上汤服务

当客人点汤后，助理服务员将汤以银盆端进餐厅，然后把汤置于热炉上加热和调味（注意加工的汤量一定要比客人的需要量多些，方便服务）。当助理服务员将热汤端给客人时，应将汤盘置于垫盘的上方，并使用一条叠成正方形的餐巾，这条餐巾能使服务员端盘时不烫手，同时可以避免服务员把大拇指压在垫盘的上面。服务员从银盆用大汤匙将汤装入顾客的汤盘后，再由助理服务员用右手在客人右侧服务。

④主菜服务

主菜的服务与上汤的服务大致相同，服务员将现场烹调的菜肴分别盛入每一位客人的主菜盘内，然后由助理服务员端给客人。同时配上沙拉，服务员应当用左手从客人左侧将沙拉放在餐桌上。

(四)

案例解析

项目名称 **法国萨莫亚德酒店**

设计师 DELETRAZ

萨莫亚德酒店坐落在得天独厚的莫尔济讷地区，专为商务和休闲旅游游客而设计。酒店优越的位置让游人前往市区内的热门景点变得方便快捷。

萨莫亚德酒店提供山区风格的餐饮空间，餐厅的墙面与顶部都大面积使用了原木材质，颜色和自然的纹路都非常原始地呈现出来。在寒冷的冬季，壁炉里燃烧的火焰给在此就餐的客人舒适温暖的感受。壁炉上方的装饰镜通过镜面的反射效果增加了就餐环境的纵深感和通透感。

墙面壁灯的牛角造型再次凸显了其山区风格，边桌上的花艺和餐桌上的松果就好像是在门口就近采摘的，果实与植物放置在花瓶里，略显随意却又质朴可爱。

餐桌是餐厅的主角，淡黄或者暗红的餐桌上铺陈着洁白无瑕的桌布，在以原木色系为主的餐饮空间里，保持视觉统一的同时又不失活泼律动。

视线从餐厅红色暗格布艺软包的餐椅延伸到白色桌布的餐桌，由餐桌延伸至墙面的窗帘再最终延伸至窗外白雪皑皑的景色，形成一系列色彩的串联和呼应。

柔和的灯光、精致的饰品以及餐桌上陈设的高脚杯、餐盘、餐具等，都好像是一件件艺术品，等待着客人的欣赏。每天由面点师傅手工制作的法式面包由客人按需自取，各式奶酪是面包的最佳搭配。

餐厅的主厨提供以萨瓦地区特色菜为灵感的创意菜肴。

项目名称 **Jean Georges 餐厅**

设计师
Neri & Hu 设计研究室

Neri & Hu 的设计特质

- 认为研究是设计的一种有力工具，因为每个项目都具备其特有的背景。对规划运作、地点、功能和历史等进行细致而深入的研究是创造严谨作品不可或缺的要素。
- 在研究的基础上，Neri & Hu 致力于建筑与细节、材料、形状及灯光的积极互动，而不是单纯地遵照模式化刻板风格。每个项目背后的成功之处，都是通过建筑本身所体现出来的意义而得到淋漓尽致的体现。

Jean Georges 餐厅（改造前）

曾经的 Jean Georges 餐厅以厚重、典雅的设计，打造了沪上最具贵族气质的法餐氛围，这里也是不少上海人的法餐启蒙地。这个在世界范围内被富人们所追捧的餐厅，与外滩三号所追求的富贵气质显得相得益彰，餐厅不仅拥有 1500m^2 的空间，还有挑高 5m 的大堂。

高高的窗户可以尽览黄浦江的景色，挑高 4m 的屋顶覆盖了铜箔，这个造型让人觉得仿佛置身于一个巨大的金色喇叭下。餐厅里的家具材质都是深酒红色或钴蓝色的美洲核桃木，休息区内配有马鬃低靠背逍遥椅以及鳗鱼皮包裹的蛇行凳，吧台采取赭石覆面，这些都是很值得欣赏的玩意。

上海 Jean Georges 餐厅坐落于黄浦江畔，拥有外滩三号所赋予的浦江美景，令人目眩神迷，倍感东西方美感交融的跨世纪魅力。餐厅充满法国式罗曼蒂克之光彩细节，将上海百年的辉煌、当下的繁荣尽显于视野之中。窗帘、地毯及其他的软装材料使得整个空间更显宁静。高高的窗户，不仅使黄浦江的雄伟尽情展现，也使室内空间充满贵族气息。用餐，抑或只是休憩，都能体会到法式的悠闲、复古。

Jean Georges 餐厅（改造后）

在上海，只要提起高级法餐，无数食客脑海中闪过的第一个名字一定就是 Jean Georges！这家 2004 年由世界名厨 Jean-Georges 先生与外滩三号合作的顶级法式餐厅，不觉间已走过 12 个年头。12 年后的这一次轮回，历时三个月“焕然新生”，时髦通透的崭新面貌实在令人惊艳！透明玻璃与金属线条打造的走廊隔断，突出了设计上的空间感和纵深感。

“变身”后的 Jean Georges 餐厅演绎着全新的高贵奢华，突出庄重、典雅的对称性。餐厅整体以白色进行表达，更凸显低调奢华的气质。浅白色的大厅，不规则形状的瓷盘，银质餐具，装点的新鲜花束，整体色彩简洁明快，犹如一个清新、摩登的妙龄法国女郎，相比曾经的贵夫人风格，化繁为简更符合现代食客的审美。简约的木质沙发座椅，现代感十足，一改曾经琥珀色调的复古华贵，变得亲切了许多。

招牌标志的开放式厨房依然保留，和新餐厅风格相统一的纯白大理石台面后面是匆匆忙碌着的厨师们，就是这份独具匠心的“烟火气”，显得格外打动人心。

主厨 Jean-Georges Vongerichten 是世界上最负盛名的厨师之一，拥有令人称羡的米其林三星餐厅主厨荣誉，更被称为“法国现代烹饪界的奇葩”。他的“美食帝国”遍布全球，除了传统华丽的法餐外，还能将其他风格口味的菜单都演绎得风生水起。

全新的 Jean Georges 餐厅将原来的一间包房增加到了三间，有极具现代感的长桌，也有华丽的圆桌，更好地满足食客们的不同需求。窗外就是十里洋场的浦江风景，得天独厚的地理位置，与“高颜值”的 Jean-Georges 相得益彰。

有质感的杯垫可使好感度加分，在细枝末节之处都将米其林大师水准演绎得淋漓尽致。

英式餐饮

提起英国，你第一时间会想到什么？辉煌灿烂的工业革命、历史悠久的贵族文化、优雅迷人的英国绅士、戏剧天才莎士比亚、学术殿堂牛津大学……相对于这些领域的熠熠生辉，英伦美食或多或少有些黯然失色。其实，像传统的全英式早餐、闲适优雅的下午茶、典型的英式烤牛排等这些英国美食，无论口感还是文化内涵都远远超乎你的想象！

英国属于西欧，地理位置位于欧陆西侧的大西洋上，受北大西洋洋流的调节及海风的吹拂，成为冬暖夏凉、终年有雨的温带海洋性气候。由于其本身是个历史、文化悠久的国家，所以他们在料理上或多或少保留了传统的饮食习惯及烹调技巧。

英国很讲究绅士风度，这一点在吃英国菜时也能体会到。但是，英式菜肴选料的局限性比较大，英国虽是岛国，但渔场不太好，所以英国人不讲究吃海鲜，反倒比较偏爱牛肉、羊肉和蔬菜等。

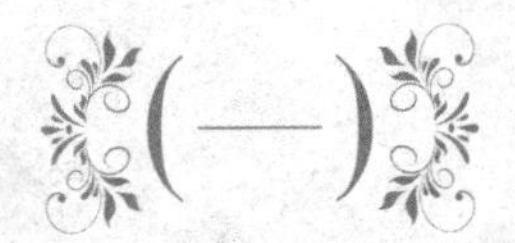

英国饮食文化

英国是一个多元化社会，聚集着不同种族、信仰与肤色的人，其历史悠久，拥有世界知名、令人羡慕的歌剧院、博物馆及艺术馆。

英国的饮食文化兼收并蓄，博大精深，很多经典的英国食物，历经数百年，仍然是餐桌上的“宠儿”，备受英国人的喜爱。在英国，庄严古朴的建筑、高雅的饮食文化和经典美味的菜肴甜点，构成完美的旅游体验，值得我们毕生回味。如果说，中国人的饮食是一场味觉和视觉的盛宴，用“舌尖上的中国”来形容再合适不过；那么英国人的饮食就是一场庄重而虔诚的浓重仪式，他们需要身体和灵魂的双重参与。无论是一日三餐还是最经典的英国下午茶，他们都有着中国人难以想象的习惯和礼仪。身体在行动，灵魂在游走！

▲ 英国伦敦桥

1. 英式三餐

名称	文化特征	代表图片
早餐	早餐标准的食物主要包括熏肉、煎蛋、炸蘑菇、炸番茄、煎肉肠、黑布丁，有时还有炸薯条，当然还会有咖啡或茶佐餐，主食一般是炸面包片。 需要说明的是，标准英式早餐中这么多式样的食品不是供客人选用其中几样，而是全部放在一个大餐盘里让客人大快朵颐，没有点饭量还真应付不了。英国人很重视早餐，认为早餐是一天中最重要的一顿饭。	
午餐	英国人的午餐时间较短，所以不会吃得很隆重。除了三明治，烤马铃薯也是较受欢迎的午餐之一。在学校和社会工作的人士会有一个“打包午餐”，通常包括一个三明治、一包薯片，外加水果和饮料。“打包午餐”一般装在一个塑料容器内。	
晚餐	晚餐是一天中的主餐，通常有两道菜——肉或鱼加蔬菜，之后有甜点（也就是布丁）。英国小孩都知道在吃布丁前要把肉和蔬菜全部吃光。 冷冻熟食在英国相当普遍，几乎每个家庭都有微波炉，且通常英国人（尤其是学生）会买一份冷冻熟食，放进微波炉，边看电视边吃——这叫作“电视晚餐”。	

小贴士

◆炸鱼薯条

炸鱼薯条是世人眼中的英国国菜。这道看似简单的美食，自1860年风靡英国后，已是从首相到平民的跨阶级美食。如今，英国不仅拥有百年老字号的炸鱼联合会，还有国家炸鱼薯条奖。

“炸鱼薯条有150多年历史，这已经成为英国人DNA的一部分，也是英国的文化遗产”。

对比英国邻居法式大餐，炸鱼薯条显得好单调，做法好简单？对于这一误解，英国人认为，一份高质量的炸鱼薯条要具备以下特点：首先，选用最好的土豆和鱼，并用干净油烹制，然后在烹调过程中，要注意优质炸鱼要香脆而不是油腻，其中包裹着入口即化的鱼肉；薯条则需要金黄通透，用合适油温烹调，确保不油腻而蓬松酥脆。

英国各地吃炸鱼薯条的佐料大不相同，伯明翰人喜欢在炸鱼薯条上加咖喱酱，纽卡斯尔人则喜欢蘸着番茄酱在海边吃，曼彻斯特人喜欢搭配豌豆糊和肉汁一起吃，格拉斯个人则喜欢和腌洋葱一起吃。

最有趣的是炸鱼薯条那独特而著名的包装了，它们不是装在盘子里，而是用报纸包起来。据说，最早选用包炸鱼薯条的报纸一定是当天的泰晤士报，这样就可以一边吃着炸鱼一边看报纸了。

▲ 炸鱼薯条

▲ 炸鱼的原材料是鲜嫩的鳕鱼肉，英国曾因鱼类资源差点和冰岛开战

◆英国床上早餐

追溯英国人在床上吃早餐的历史，大概有两种解释，一种是床上用餐开始于20世纪初，当时的英国女性以婚嫁为最重要的任务，而早餐是个社交的场合，所以未婚女性要利用这个机会去觅得佳偶；但已婚妇女就没有这个必要，于是女主人就会在自己房间的床上享用早餐。另一种说法，维多利亚时代的女性起床梳洗是个繁复的过程，需要耗费很长的时间，往往等穿戴整齐之后早餐已经放凉，所以由仆人将早餐拿进卧室，给还未开始梳妆的女主人享用。因此床上早餐是英国贵妇们的特权。

到了当代，由于生活节奏的改变，在床上吃早餐并不是常态的事情了，但很多西方国家的人仍然喜欢在周末、母亲节，或圣诞、结婚纪念日、生日这类特殊的节日纪念日，在床上吃一顿浪漫温馨的早餐，享受那份轻松的感觉。

▲ 床上早餐

▲ 床上用餐的女主人

2. 经典英国菜

名称	文化特征	代表图片
维多利亚海绵蛋糕	相传维多利亚女王因丈夫过世而沉浸在悲痛之中，进而过着隐居的生活，后来，为迎接女王回宫工作，其夫的前秘书特别在茶会上精心准备了这个蛋糕，因此而得名。	
苦啤酒	苦啤酒是英国最具代表性的啤酒，堪称国粹。它起源于18世纪，起初是作为英国传统麦芽酒的替代品，最大的特点是酒精度数低，以窖藏温度供应，仅需几日便可发酵。	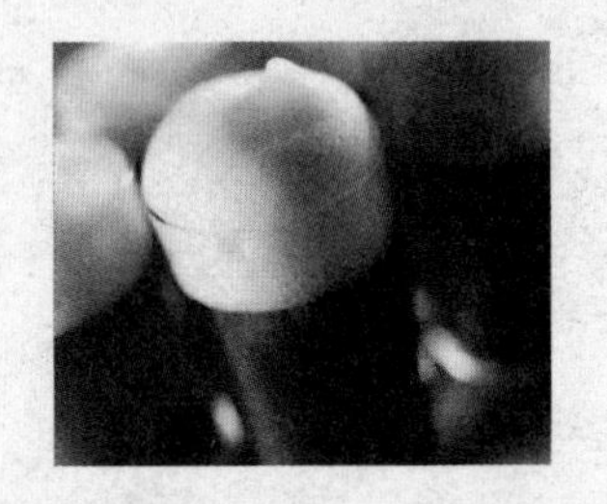
伊顿麦斯	伊顿麦斯是由草莓、奶油和蛋白酥皮精制而成的甜点，起源于温莎著名的贵族学校伊顿公学。如今，它已成为英格兰夏天的代名词。	
约克郡布丁	虽然约克郡布丁的来源至今仍是个谜，但人们对这一美味的热情没有丝毫的减退。2008年，经过多番研究后，英国皇家化学学会发布了布丁制作指南，并声明一个约克郡布丁必须高于4英寸（约为10cm）。	
坎伯兰香肠	香肠是英国食物的一大亮点，爱尔兰香肠、血肠也很有特色。	

（续表）

名称	文化特征	代表图片
英式薯条	英式薯条有很多种吃法，包括薯条和肉汁、薯条和烤豆子、圆面包夹薯条、筒装薯条加盐和醋等。	
牧羊人派	牧羊人派是一道主食，是英国的一种传统料理。它并不像西点中的派一样有酥皮，而是用土豆、肉类和蔬菜做成的，烤出来香气四溢。	
司康	司康是英国的传统甜点，是由苏格兰皇室加冕的地方上一块名为“司康之石”的石头而得名，主要成分是面粉、大麦、燕麦、砂糖等。	
香烤苹果酥	这是一道起源于英国二战时期的传统食品，有甜和咸两种版本。甜的版本通常是用黄油、面粉、糖和水果制作而成；咸的版本一般是用肉类、蔬菜、沙司和奶酪混合而成，放在烤箱中烘烤直至上层非常香脆。	
糖浆松糕布丁	这是一道传统的英式甜点，盘中包含一个蒸的海绵蛋糕，时常会在顶端浇上枫糖浆，或者旁边搭配凝结的奶油。	

3. 英式下午茶

英国下午茶起源于 19 世纪初期的英国上流社会，之后普通的工人阶级为了提神，也会在下午泡上一杯红茶，加入牛奶和糖，偶尔配上家里准备的司康饼一起吃。对于那些每天早起去工厂、田间工作的农民来说，一顿丰盛的早餐也许可以帮他们撑过中午，但绝对挨不到晚饭，所以，尽管他们没法像贵族那么讲究，但下午茶的习俗还是慢慢在平民百姓间流行起来。无论是贵族还是平民，如今的英式下午茶已然成为英国正统茶文化不可或缺的灵魂，上至女王，下至普通人，都对下午茶抱有十二万分的热情。

▲ 伦敦丽兹酒店的下午茶颇负盛名

1662 年，葡萄牙公主嫁到英国，并带去了她最喜欢喝的茶，从此，茶文化便在英国皇室、贵族中盛行了起来。为了填补午餐到晚餐这个时间空挡，贝德福德公爵夫人开始邀请其他夫人来她的住处一起吃点心、喝茶。渐渐地，这项活动变得越来越流行，英女皇也加入其中，开始举办自己的下午茶聚会。于是下午茶变成了一个重要的社交活动。

下午茶，是英国各个阶层的固定习俗。英国有句谚语——“钟敲四下，一切为下午茶停下”，可见英国人对下午茶的重视。英式下午茶来自英国贵族的传统生活，他们住乡下的大房子，早餐吃得丰盛，午餐相对简便（可能只是色拉或三明治），晚餐大约在晚上 8 点至 8 点半开始。傍晚 5 点钟左右，人们就饿了，所以这时他们就喝下午茶。

▲ 一套英式下午茶必须有的组成部分——茶、三明治、蛋糕与甜点。三明治的尺寸必须是适合手指拿起的尺寸

◆不同英式下午茶的搭配

伯爵红茶是一种加了佛手柑精油的红茶，带着柑橘香，配甜点一级棒；印度阿萨姆红茶和斯里兰卡红茶，都是英国殖民时期从中国带过去的茶树种；英式早餐茶为普通英式红茶，一般以印度红茶、锡兰红茶为原料；花茶草，比如洋甘菊茶、薄荷茶，有些地方还会有绿茶、白茶等。

▶ 英国红茶茶具

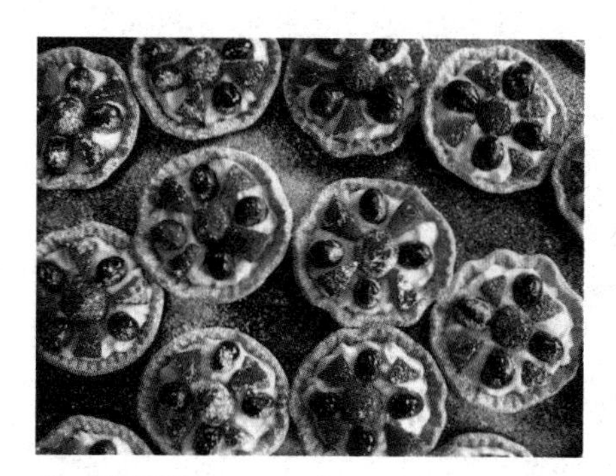

▲ 水果蛋糕

▲ 英式下午茶的时间是下午 5 点左右，而如今伦敦各大酒店是按照运营的便利来安排下午茶的。在一些不错的酒店，你甚至在午后 12 点半也能点上一套

英式下午茶中，三明治最不能缺少的口味是黄瓜、奶油芝士 、苏格兰烟熏三文鱼与切碎的白煮鸡蛋，而甜食类最著名的是司康，是英式下午茶必备的茶点。它新鲜烤出，热乎乎地端上来，“一定要趁热切开来，配奶油和果酱享用”。

其他甜食还有英式水果蛋糕，通常会用长蛋糕，里面有各种水果以及 Tartlet（水果挞）。按照季节不同，会更换挞上的水果，但通常是覆盆子和草莓比较多。下午茶桌上还会有配甜点的奶油，常用的是香草奶油。

白金汉宫的下午茶，在天气适宜的季节，是被安排在花园里的，贵族还会打马球。从维多利亚时代起，下午茶在英国贵族家庭的草坪上或富丽堂皇的客厅中开始流行起来，在草坪上喝茶，也是英式生活的一瞥。在现今英国人的日常里，“Tea Time”的意思是指茶和点心，说到“Afternoon Tea”，则意味着“我们去某个地方吃三层盘子的小甜点、新鲜出炉的司康还有三明治”。

▲ Anton Mosimann 为英国女王服务了 22 年。威廉王子夫妇的婚宴也是由他操办，而他的私家宴会宾客名单，包括了 4 任美国总统，并且服务过四代英国王室成员。Anton Mosimann 先生一直强调真正英式食物的精髓所在——你必须使用本土各地的特产，来组成餐桌上的美味

▲ 顶层为甜点，中层为司康、果酱及奶油，底层为咸点心和三明治

◆英式喝茶礼节

①倒完茶以后，可以根据自己的喜好加放柠檬和糖，但千万不要放了柠檬又放奶，因为会产生沉淀物。

②放了糖之后，可以根据喜好再加奶。

③永远不要将茶勺用完以后放在杯子里。

④用双手同时拿起杯垫和茶杯来喝茶，千万不要翘小拇指。

⑤一般由主人斟茶，但如果在外面喝茶，离茶壶最近的人应该斟茶。

⑥吃点心的顺序为“咸—司康—甜”。

⑦小点心或者迷你三明治，都可以用手来解决，吃之前先分成小块，大份的糕点用刀叉吃。

(二)

英式餐饮的特点

1. 繁琐、严格的餐桌礼仪

英国人注重礼仪可谓众人皆知，他们骨子里的骄傲体现在很多方面，用餐礼仪便是其中之一。在餐厅，拿到菜单英国人会说“Thank you”，点了餐会说“Thank you”，上了菜会说“Thank you”，拿到账单会说“Thank you”，就算他付账的时候也会对你说“Thank you”。对于这样的“周到”，即使是出自礼仪之邦的中国人恐怕也是很难适应的。

英国人从小就注重对孩子的礼仪培养，从孩子坐上餐桌的第一天起，家长就开始对其进行有形或无形的“餐桌礼仪教育”，希望帮助孩子养成良好的进餐习惯。所以在英国的餐厅里，你听不到有人会大声吆喝“服务员”，也听不到有人在那里高谈阔论。相反，即使他们可能头一天就想好了今天吃什么，也会很耐心地看完菜单，然后静静地坐在那里等待服务生过来点菜；就算他们坐在一个容易被遗忘的角落，也会尽量用眼神或挥手同服务员沟通而尽可能避免发出任何声音。

就餐时，每个人都会在自己的座位上静静用餐、悄悄说话，用微笑代替大笑，生怕打扰到周围的人。当然，诸如喝汤不能发出声音，要闭嘴咀嚼食物，而且一定要在食物吞咽下去之后才能开口说话这些传统西餐礼仪，也都是英国餐桌礼仪的重要组成部分。

▲ 展示英国白金汉宫宴会厅宴会场景的油画

2. 绅士文化

绅士文化是英国文化的精髓，是英国人价值取向和努力的方向。深受这种文化熏陶的英国人，在工作、生活等各个方面都体现出独特的绅士特色。

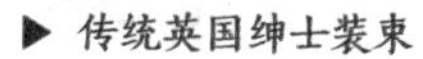

▶ 传统英国绅士装束

（1）女士优先，时间观念强

英国人待人彬彬有礼，讲话十分客气，“谢谢”、“请”字不离口。对英国人讲话也要客气，不论他们是服务员还是司机，都要以礼相待，请他办事时说话要委婉，不要使人感到有命令的口吻，否则，可能会使你遭到冷遇。

英国人对于女士是比较尊重的，在英国，“女士优先”的社会风气很浓，比如乘坐公共交通时，要让女士先上车，斟酒要给女宾或女主人先斟酒。在街头行走，男的应走外侧，以免发生危险时保护妇女免受伤害。丈夫通常要协同妻子参加各种社交活动，而且总要习惯先将妻子介绍给宾客认识。

英国人的时间观念很强，拜会或洽谈生意，访前必须预先约定，准时很重要，最好提前几分钟到达。他们的相处之道是严守时间，遵守诺言。

（2）注重仪表

英国男性的绅士风度突出表现在注重仪表和讲究卫生上，他们在讲话、语气、手势、坐姿等方面都颇为讲究。此外，他们不喜欢谈论男人的工资和女人的年龄，认为这是不礼貌的表现。

英国人注重服装，穿着要因时而异。他们往往以貌取人，仪容态度尤为注意，只要一出家门，就得衣冠楚楚，慢慢便养成了一种传统“绅士”和“淑女”的风范。

英国人具有传统的贵族情结，他们保守的个性和尊重传统的气质，一直被世人视为楷模，是人们竞相模仿的对象。他们日常的礼仪已变为国际通用的礼节，从这些繁复的礼节可以发现，英国人十分尊重且礼遇客人，不论是事前准备、用餐的用具、使用上的顺序以及其他礼貌等，都处处体现着他们“绅士”的特征。

可以说，英国的绅士品质不仅仅取决于表面的时尚或礼貌，而取决于道德价值；不取决于个人的财富，而取决于个人的品质。各种行为、品质包括优雅得体的谈吐、举止、永恒不变的谦逊以及面对重大困难时的从容、勇气，便是英国“绅士”文化的基本概念。

◆西餐礼仪

①预约。在西方，去饭店吃饭一般都是要事先预约的，在预约时，有几点要特别注意，首先要说明人数和时间，其次要表明是否需要吸烟区或视野良好的座位。如果是生日或其他特别的日子，可以告知宴会的目的和预算。在预定时间到达是基本的礼貌，有急事时要提前通知取消，且一定要道歉。

再昂贵的休闲服，也不能随意穿着上高档西餐厅吃饭，穿着得体是欧美人的常识。去高档的西餐厅，男士要穿整洁;女士要穿晚礼服或套装和有跟的鞋子，化妆要稍重，因为餐厅内的光线较暗。如果是正式宴会，男士必须打领带，进入餐厅时，要先开门请女士进入，并请女士走在前面。入座、点酒都应先请女士进行品尝和决定。

一般西餐厅的营业时间为中午11点半至下午，晚上6点半后开始晚餐，如果客人早到了可以先在酒吧喝点酒，然后再进入主餐厅。

▲ 餐具摆放示意图

②就坐。就坐后可以不急于点菜，有什么问题可以直接询问服务生，他们一般都非常乐意回答你提出的任何问题，就算不是很清楚也会咨询餐厅经理或主厨。就餐时间太早、中午11点或下午5点半就到了西餐厅、匆匆吃完就走、在餐桌上大谈生意、衣着不讲究、主菜吃得太慢影响下一道菜，或只点开胃菜不点主菜和甜点等，都是不礼貌的行为。

高档西餐的开胃菜虽然分量很小，却很精致，值得慢慢品尝。餐后可以选择甜点或奶酪、咖啡、茶等，不同的国家都有不同的消费习惯，但是一定要多加赞美和表示感谢。

吃西餐在很大程度上讲是吃情调，大理石的壁炉、熠熠闪光的水晶灯、银色的烛台、缤纷的美酒，再加上人们优雅迷人的举止，这本身就是一幅动人的画面。为了在初尝西餐时举止更加娴熟，费些力气熟悉一下这些进餐礼仪，还是非常重要的。

就餐前不要随意摆弄餐桌上已经摆好的餐具，要将餐巾对折轻轻放在膝上。餐巾布可以用来擦嘴或擦手，要以对角线叠成三角形状，或平行叠成长方形状，污渍应全部擦在里面，外表看上去一直是整洁的。离开席位时，即使是暂时离开，也应该取下餐布随意叠成方块或三角形放在盘侧或桌脚，最好是放在自己的座位上。

就坐时，身体要坐直，手肘不要放在桌面上，也不要跷二郎腿，人与餐桌的距离以便于使用餐具为佳。

③正确使用刀叉勺。使用刀叉进餐时，由外侧往内侧取用，一般情况下，左手持叉，右手持刀（左撇子可以反过来拿，但就餐完毕后要按原位放回）；使用刀时，刀刃不可向外。进餐中放下刀叉时应摆成“八”字形，分别放在餐盘边上。刀刃朝向自身，

表示还要继续吃。每吃完一道菜，将刀叉并拢放在盘中，表示侍者可以将餐具撤走。如果是谈话，可以拿着刀叉，无需放下。不用刀时，可用右手持叉，但若需要做手势时，就应放下刀叉，千万不可以手执刀叉在空中挥舞摇晃，也不要一手拿刀或叉，而另一只手拿餐巾擦嘴，更不可一手拿酒杯，另一只手拿叉子取菜。请记住，在任何时候，都不要将刀或叉的一端放在盘上，另一端放在桌上。

④优雅用餐。吃面包一般掰成小块送入口中，不要拿着整块面包去咬。抹黄油和果酱时也要先将面包掰成小块再抹。吃东西时要闭嘴咀嚼，不要舔嘴唇或咂嘴发出声音。如汤菜过热，可待稍凉后再吃，不要用嘴吹。喝汤的时候，用汤勺从里向外舀，汤盘中的汤快喝完时，用左手将汤盘的外侧稍稍翘起，用汤勺舀净即可。吃完汤菜时，将汤匙留在汤盘（碗）中，匙把指向自己。吃鱼、肉等带刺或骨的菜肴时，不要直接外吐，可用餐巾捂嘴轻轻吐在叉上再放入盘内。吃面条时要用叉子先将面条卷起，然后送入口中。

⑤甜品与饮品。喝咖啡时如果需要添加牛奶或糖，要用小勺搅拌均匀，然后将小勺放在咖啡的垫碟上。喝时应右手拿杯把，左手端垫碟，不要一勺一勺地舀着喝。吃水果时不要拿着水果整个去咬，应先用水果刀切成四瓣再用刀去掉皮、核，用叉子叉着吃。

⑥饮酒与食物的搭配。关于饮酒时搭配什么食物，最重要的是根据口味而定。食物和酒类可以分为 4 种口味，这也就界定了酒和食物搭配的范围——酸、甜、苦和咸味。

你可能听说过酒不能和沙拉搭配，原因是沙拉中的酸极大地破坏了酒的醇香。但是，如果沙拉和酸性酒类同用，酒里所含的酸就会被沙拉的乳酸分解掉，这当然是一种绝好的搭配。所以，可以选择酸性酒和酸性食物一起食用。酸性酒类与含咸食品共用，味道也很好。

用餐时，同样可以依个人口味选择甜点。一般来说，甜食会使甜酒口味减淡，所以应该选择略甜的酒类，这样酒才能保持原来的口味。

同样，根据“个人喜好”原则，苦味酒和带苦味的食物一起食用苦味会减少，所以如果想减淡或除去苦味，可以将苦酒和带苦味的食物搭配食用。

对于咸味来说，一般没有盐味酒，但有许多酒类能降低含咸食品的盐味。世界许多国家和地区食用海产品（如鱼类）时，都会配用柠檬汁或酒类，主要原因是酸能减低鱼类的咸度，食用时味道更加鲜美可口。

⑦祝酒。作为主宾参加外国举行的宴请时，应了解对方祝酒习惯，即为何人祝酒、何时祝酒等，以便作必要的准备。碰杯时，主人和主宾先碰，人多可同时举杯示意，不一定碰杯。祝酒时注意不要交叉碰杯。在主人和主宾致辞、祝酒时，应暂停进餐，停止交谈，注意倾听，也不要借此机会抽烟。主人和主宾讲完话与贵宾席人员碰杯后，往往到其他各桌敬酒，遇此情况应起立举杯。碰杯时，要目视对方致意。

宴会上相互敬酒表示友好，活跃气氛，但切忌喝酒过量。喝酒过量容易失言，甚至失态，因此必须控制在本人酒量的 1/3 以内。

⑧意外情况的处理。宴会进行中，不慎发生异常情况时，如用力过猛，使用刀叉时撞击盘子发出声响，或餐具摔落地上，或打翻酒水等，应沉着不必着急。餐具碰出声音，可轻轻向邻座（或向主人）说一声“对不起”；餐具掉落可要求招待员再送一副；酒水打翻溅到邻座身上，应表示歉意，协助擦干。

3. 英国酒馆

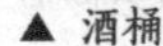

▲ 酒桶

▲ 吧台

英国盛产酒，出产苏格兰威士忌，由于气候、文化传统等因素，英国人十分喜欢喝酒，因此英国的酒业很强盛，酒吧无处不在，其中还不乏数百年历史的。独特的酒吧文化成为了大不列颠文化的重要组成部分。

英国的酒吧严格执行打烊时间，通常是上午 11:00 至下午 3:00、下午 5:30 到晚上 11:00。英国人的人际关系较为冷漠，但是只要在酒吧端上酒杯，即使是陌生人也能亲切交流，马上成为朋友。

传说英国文学就是起源于酒吧，自从“诗歌之父”乔叟创作《坎特伯雷故事集》以来，文学与酒吧就密不可分；莎士比亚也曾是酒馆里的常客，经常是边喝啤酒边写剧本；此外，酒吧在狄更斯的诸多作品中也是一道亮丽的风景。

英国人称小酒馆为“帕布”(Pub)，即 Public House 的简称，这是他们生活中不可或缺的一部分。即使是在伦敦工作的商人们，也常在帕布解决午餐。不过在住宅的酒馆中，多为当地居民，外人很难融入那里的气氛之中，游客就更被看作是陌生人了。因此，英国的酒馆分为面向游客的和面向居民的两种。

酒馆里可供选择的啤酒有很多，通常有多种含酒精和不含酒精的饮料供应，方便客人根据自己的喜好来选择。

在酒馆中，人们不仅可以边喝酒边聊天，还可以消遣一下玩玩游戏，如多米诺牌、投镖、台球和纸牌等。

英国酒吧至今已有 1000 多年的历史，在此期间，它所受欢迎的程度始终没有改变，一直被人们描述着、谈论着。酒吧里有欢笑，也有争斗。你可以在这里玩各种游戏，也可以聚会。人们对食品、酒水以及社交的需求也依赖于酒吧。

酒吧里最有特色的是吧台，人们在这里点单并直接付钱。在酒吧付小费是不正常的，但客人有时候为了表示感谢，往往会请服务员喝上一杯。酒吧通常是供顾客休息、放松的场所。尽管酒吧都提供桌椅，但仍有一些客人更愿意站在吧台边喝酒。有时酒吧会有一些着装礼仪要求，诸如不允许客人穿牛仔裤或休闲装入内。

英国的酒吧可以使人们更清楚地了解英国本土的文化。无论你来自何方，品位如何，都有适合你的酒吧。

▲ 英国以足球为元素的酒馆

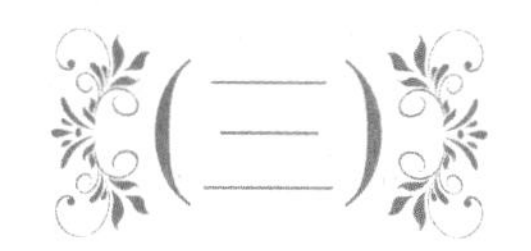

英式餐饮空间氛围的营造手法

1. 整体装饰设计

（1）凸肚窗

作为现代建筑中的一种，英伦风格的餐饮建筑具有很浓的仪式感，给人一种庄重、神秘和严肃的感觉。传统的英伦风格餐饮空间注重凸肚窗、角塔、进深较大的入口和宽广的门廊等细节设计。一般来说，其窗户较多，而且都是凸出的，形成了别样韵味的空间氛围。

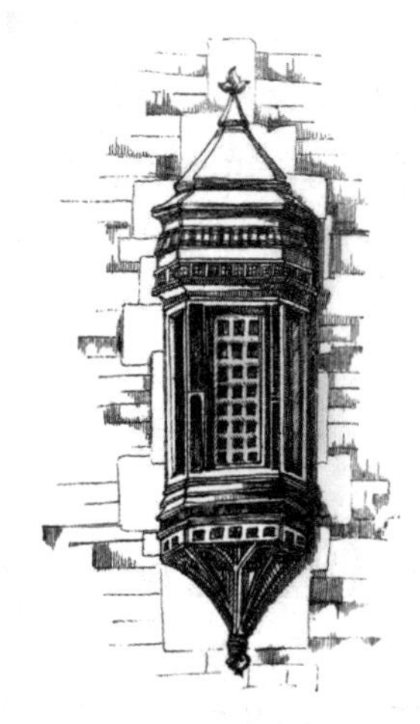

▲ 凸肚窗

（2）重视门面装饰

英式的餐饮空间强调门廊的装饰性，比较“讲究门面”。英国人不喜欢喧闹，所以稳定、宁静是他们一贯追求的终极目标。英伦风格的建筑，一般要具备几种特殊品质元素——底部喜好手工的砖砌墙，木质的屋顶板，人字形坡屋顶，外立面材质为暖色系（如砖红色），有木质白色条状饰条或者石灰岩细节。坡屋顶、老虎窗、女儿墙（指房屋外墙高出屋面的矮墙）、阳光室等建筑语言和符号的运用，充分诠释着英式建筑所特有的庄重、古朴和高品质。

英伦风格来自于欧洲，因此，建筑大部分都会带着浓浓的欧式乡村味道。其底部多数使用砖砌墙，这样的设计让外墙的上下两部分看起来会不一样，配合起来，彰显皇室贵族的气息。

▲ 砖砌墙

（3）强调园林效果

英式餐饮空间里的园林摈弃了规则和对称的园林布局，追求更自然、优美的园林空间，在绿篱、壁龛及雕像、池园等台地园林风格的基础上，以绚丽的花卉增加园林鲜艳、明快的色调。

从内部角度来看，是“风景如画”在英国园林中的体现。英国伟大的风景画家洛兰，采用英雄式神话人物和古迹（古迹就是一些教堂建筑或者住宅等）来展现美景。英国人崇尚自然，也希望自己的作品贴近自然，所以在画面里所添加的建筑就会流溢着自然主义的倾向。

（4）注重保暖性和隔热性

英国的建筑保暖性或者说隔热性很好，主要是由于房屋建筑的墙是三层的，外面一层是红砖，中间层是隔热层（材料用的是厚海绵，或者是带金属隔热层的薄海绵），里面是轻质量的灰色砖，比较厚。这样构成的墙体，其隔热性能可想而知。到了冬天，只要打开房间暖气，马上就热起来了，保暖性很好。

2. 软装配饰

英式的软装设计，深受英国品位绅士的喜爱和推崇。软装发展到今天，已经不是家居陈设的简单摆放，而是融入了不同的餐饮文化、性格，更是不同生活习惯的完美展现。一般餐厅选材上也多取舒适、柔性、温馨的材质组合，可以有效地建立起一种温情暖意的就餐氛围。

英国是非常怀旧的民族，几乎视传统和习俗高于一切，至于这些传统究竟源自何处，又是如何沿袭下来的，似乎并不那么重要，是传统，对他们来说就够了。

对于英国人来说，传统代表延续，必须不惜一切代价去保护。在变化的时代，传统给了他们一种永恒感，就像一件穿旧了的、袖子上满是窟窿的套衫，那也是熟悉的东西，给人以慰藉。一般家庭喜爱先辈留传下来的旧家具、旧摆设、旧钟表而炫耀于人。首都伦敦有许多百年老店，而且越是著名的商店，越对原有的式样或布置保持得越完整。汽车发动机虽然换上了新型号，但车型还要尽量保持过去的老样子。

伦敦有两家邮局，一年 365 天昼夜营业，从不休息，据说这是遵循英国的古老传统而保留下来的。

（1）家具

早期英伦风格的餐饮空间美观、优雅而和谐，常常以饰条及雕刻的桃花心木作为家具材质，整个装修空间显现出沉稳、典雅的格调，再加上木质的崁花图案，更加具有浓浓的古典韵味。

发展至今的英伦餐饮空间装修，没有过多的繁复设计。家具一般简洁大方，虽然没有法式家具装饰效果那么突出，但还是免不了在一些细节处做出处理。色彩上，桌椅等家具色调比较素雅，白色和木本色是其经典色彩。

英式的手工沙发非常著名，它一般是布面的，色彩秀丽，线条优美，注重面布的配色与对称之美，越是浓烈的花卉图案或条纹越能展现出英国的味道。 英式家具造型典雅、精致而富有气魄，往往注重在极小的细节上营造出新的意味，尽量表现出装饰的“新”和“美”。英国老家具有别于其他国家的欧式古典家具，浑厚简洁是18世纪末、19世纪初英国老家具的独特风格，历经岁月的洗礼与沉淀，留下亲切而沉静的韵味。

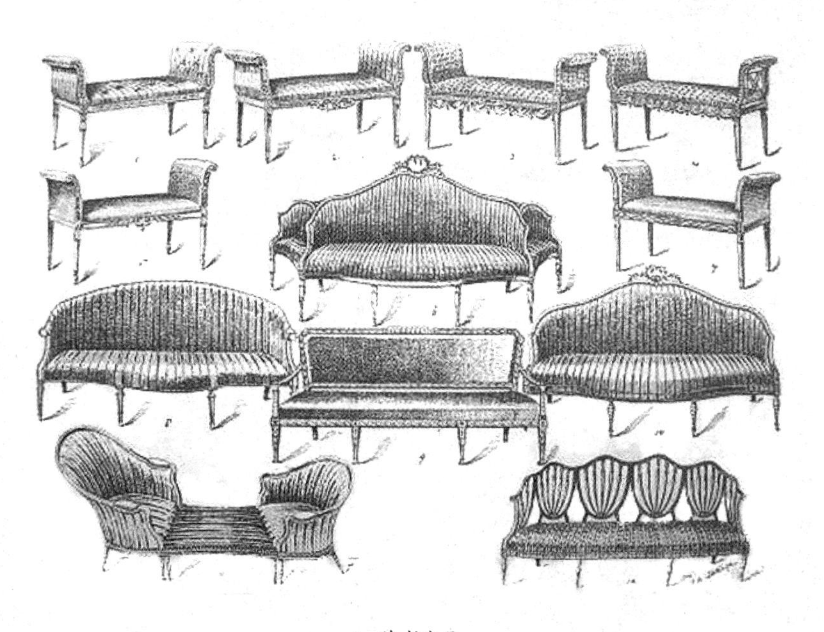

▲ 英式家具

（2）布艺

英式风格的餐饮空间多以手工布面为主，饰品布艺也秉承了这种特色，特征鲜明，让人过目不忘。英国人特别喜爱碎花、格子等图案，因此窗帘、布垫、壁纸等都少不了它。另外，陶瓷也是打造英伦风格必不可少的东西，还有花草、工艺品、相框墙等也是比较出彩的设计。

英国人追求浪漫、优雅、自由的空间设计，我们见得最多的还是英式田园风格软装配饰的发展。

英式田园风格的布艺设计，没有一定之规，你可以依据自己的喜好选择不同颜色、不同质地的布艺产品，布置出不同的餐厅格调，如可将碎花、条纹、苏格兰格子做成各种抱枕，也可用于窗帘、沙发之上。大花、小花，浓的、淡的，活泼而又生动，仿佛一个英国乡村花园盛开在眼前。大量使用清新淡雅的颜色、可使室内显得更为浪漫，自然的色彩是这种风格最好的表达，直接传达出一种生活化的气息。

◀ 英式格子布艺

▲ 英式碎花

（3）装饰品

英国的银器非常华丽，做工精良而复杂，广受各国欢迎，特别是银质的圣诞餐具，除了很美观，品种还很多。从蜡烛台到刀叉再到碟子应有尽有，这一类银器的制作也是英国传统的手工艺。

泰迪熊有着浑圆丰满的身材和四肢，具蓬松、温厚的安哥拉羊毛和憨厚的表情，以及 100% 的手工缝制和填塞作业。据说，在白宫的一次宴会上，有几只玩具熊被打扮成猎人和渔夫的模样陈列在桌上，当时的罗斯福总统对这批小熊着迷不已，泰迪熊也因此很快成为英国家喻户晓的宠物。如今的泰迪熊已经不再是一般玩具的概念了，更多地被赋予了各种特殊的纪念意义，担负起传承某种文化的作用。在英国，一只泰迪熊可以被当作家庭一员，甚至陪伴一家三代人成长。

▲ 做工精良的银器饰品

▲ 泰迪熊

英国的米字旗估计是全世界最有视觉冲击力且被时尚演绎得最多的国旗之一了。米字旗元素一直吸引着众多年轻人，它是最能够体现英伦风格的元素。鲜艳的色彩和标志性的“米”字图案无论印在怎样的物品上面都会变得夺目而抢眼。米字旗家居装饰不仅个性时尚，还为室内氛围增添了不少英国风情。

朋克当道的 20 世纪 60 年代，米字旗的红、白、蓝三色及其图案成为朋克风格的经典元素。这股风潮在 20 世纪八九十年代借由朋克教母 Vivienne Westwood 继续发扬光大至今，成为英伦时尚的标志性元素。

雨伞是我们日常的防雨用具，在英国，雨伞则是宣扬绅士风度和浪漫情怀的工具。英国地处大西洋东侧，受海洋暖流影响，终年湿润多雨。入春以后，雨就开始连绵不断。到夏天，雨水更多，且总是来得快去得也快。因此，人们出门，即使是晴天也带着伞，雨一来就撑起，雨一过就收起。

▲ 英国雨伞

英国人打伞始于 17 世纪。到 19 世纪初，据说英国著名将领威灵顿公爵上战场时都打伞，而维多利亚女王则几次将装饰华丽的雨伞作为外交礼品赠人，同时也接受他人的雨伞馈赠，雨伞由此在英国流行开来。由于英国经常下雨的原因，严谨的绅士是不会让自己有一点点淋雨机会的，因为他们要随时保持优雅的仪态。近代以来，一些英国男士也开始携带黑色长把伞。英国的绅士带伞，也有的是为了照顾没带伞的女士，因为保护女士是绅士的天职，而这也是他们为什么叫“绅士”的原因。

▲ 米字旗元素的沙发

▲ 米字旗抱枕

小贴士

◆白金汉宫里的餐厅

白金汉宫是英国的王宫，建造在威斯敏斯特城内，位于伦敦詹姆士公园的西边，1761年由英王乔治三世购得，作为王后的住宅，称为女王宫。

1825年，英王乔治四世加以重建，作为王宫。从1837年起，英国历代国王都居住在这里。维多利亚女王是居住在这里的第一位君主。白金汉宫宫内有宴会厅、典礼厅、音乐厅、画廊、图书馆等600多个厅室，收藏许多绘画和家具，而其中的餐饮空间则是经典英式的完美演绎，极具代表性。

①宴会厅。宴会厅是由原本的舞厅改造之后，作为宴会厅的功能使用。大面积的白色浮雕和墙板雕刻，使这个用餐空间庄重而不失淡雅。

②国家饭厅。最初，这个饭厅是准备做音乐室的，因为威廉四世想要在首层有一个饭厅，因此重建了这个房间。屋内墙面悬挂了多幅祖先的全身肖像画。

③早餐厅。餐厅墙上挂有画师为维多利亚女王所做的水彩画。纯白色的餐桌布提亮了整个餐厅的色彩，将人们的目光吸引到餐桌上。

④正餐厅。维多利亚早期的一个正餐厅，将中国瓷器作为装饰点缀，墙面的油画内容则是中国清朝的人物肖像，装饰画的装裱也极具中国特色。

▲ 宴会厅

▲ 国家饭厅

▲ 早餐厅

▲ 正餐厅

（四）

案例解析

项目名称 **英国 Gary Rhodes W1 餐厅**

设计师 Kelly Hoppen

Kelly Hoppen 的设计特质

- 一个平衡而安静的环境将会让人感到安定与幸福。其实，宁静、平衡的设计一直也是 Kelly Hoppen 标志性的风格，在她设计的空间中，没有多余的家具，也没有突兀的色彩，总是以接近中性的色调与平衡的对称，展现出别致的韵味。
- 设计融合着东西方的文化特质，将古典与现代之间作一种中性的诠释，生活空间里最终不可或缺的一个元素，就是来自大自然的花卉，它们的存在可以点亮不起眼的角落，甚至让每个人有一个可以开始思考美学的起点。将生活品味表达于家居空间中最简单的方法，就是尽情去表达自己，增加一些具有情感意义的物件，比如几株新鲜的花朵等，空间生活美学就是如此简单。

Gary Rhodes W1 餐厅具备极其奢华且富有感性的空间，“平衡”与“质感”这两个众所周知的 Kelly 式设计理念贯穿了整个餐厅设计。丰富的软装织物包括麂皮、丝绸、缎子等，都以标志性的大地色系呈现，并与品质优良的亚麻、柔软的皮革以及丝绒等材质相结合，营造优雅的氛围。此外，定制的餐椅等都体现出极致的设计细节。

Gary Rhodes W1 餐厅坐落于英国伦敦，是由 Kelly Hoppen 设计的餐厅空间。餐厅的入门处位于典型红砖英式建筑的一层，从这里能看到“凸肚窗”和“圆形角楼”的影子。

餐厅的色系采用 Kelly Hoppen 最具有代表性的大地色系，而从顶部垂直而下的水晶吊灯则是点睛之笔。

餐桌与餐桌之间的私密性，由设计师选用橘色的流苏挂帘作为隔断。流苏的流线与吊灯的水晶链形成了线条的统一。

餐厅中的卡座空间主打黑色系，与大厅的大地色系进行了区分，更加隐秘和安静。英国设计师 Jimmie Martin 经由餐厅设计师 Kelly Hoppen 授权，为 Gary Rhodes W1 餐厅设计了一组椅子。

世界著名厨师加里·罗兹（Gary Rhodes），一直被同行尊称为“真正的厨师”，他曾代表皇室为多国元首的餐饮提供服务。

◆ *Kelly Hoppen*

Kelly Hoppen 是英国乃至国际上炙手可热的顶尖设计师，以冷静、简洁、优雅并富有创意的设计而闻名于世，为很多名人设计过住宅及商业场所（包括航空公司头等舱）等。

英国航空公司的头等舱于2000年由 Kelly Hoppen 重新设计，以创造奢华之旅的超凡体验。

Kelly Hoppen 的设计以冷静，简洁并富有革新而著称，她能将奢华绮丽和简单朴实这两种感觉同时表现出来。她对材质、外形以及色调的选择创造出一种平衡、和谐和轻松的氛围，这恰恰是旅行所需要的最佳环境。

Kelly Hoppen 的主要思路是模仿劳斯莱斯的内部风格和品质，将其应用于飞机的内部装饰，即只使用最好的构造和材质——康那利皮革、胡桃木效果、开司米风格和天鹅绒织品。色调的搭配则是以蓝色和 Kelly Hoppen 的标志性色彩——灰褐色和深红色为主。

▲ *Kelly Hoppen* 设计的游艇

▲ *Kelly Hoppen* 设计的航空头等舱

第六章

美式餐饮

美国作为世界强国，是一个年轻的移民国家，其饮食文化由各个不同国度的移民带来，从而组成了今天独具特色的移民饮食。

一个国家饮食文化的形成与发展主要缘于两大因素，一为乡土性的地缘因素，二为多元化的人为因素。对美国而言，多元化的人为因素比乡土性的地缘因素更具关键性的影响，在意大利，由于地形、土壤、气候等原因，有南方菜与北方菜的区别，但彼此之间的风格及口味差异并不特别明显，主要原因是这个国家的老百姓同文同种，人为因素的差异不大，法国、西班牙、英国、德国的菜系也是如此。

美国的情况则比较特殊，作为世界人种的大熔炉，其土地广阔、历史短，有 100 多个国家不同种族的人移民至此，现在的总人口约 3.2 亿，其中西班牙语系居民约有 4300 万、非洲裔居民约 3600 万、亚洲移民也已超过 1000 万，这么庞大的外来族裔在这里落地生根、繁衍生息，其食品菜肴的形成自然也呈现出一种“大熔炉”的特色。

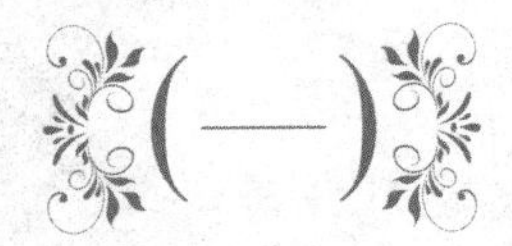

美国饮食文化

美国人的早餐时间一般在8点之前，通常在家里吃，家用早餐较为随意，一般为三明治、烤面包、面包圈、鸡蛋、咖啡或者牛奶、果汁、麦片。面包圈听起来似乎不错，但实质吃在嘴里是硬邦邦的，没有味道。麦片一般用牛奶冲泡，这是美国人最喜欢的吃法，如同国内好多人喜欢用牛奶冲泡饼干一般，这两者的习惯应该算是异曲同工。面包涂上果酱或者黄油加盐，牛奶直接冷饮，鸡蛋用热水冲服或者用电炉煮熟。丰盛点的早餐一般会有玉米片、火腿、薄煎饼或煎鸡蛋、华夫饼等。

美国人的午餐一般在中午12点左右，节假日时，很多美国家庭只吃两顿饭，将早餐和午餐合并，通常都很丰富。午餐对于上班族来说无足轻重，由于工作的原因，美国上班族的午餐很简单，量也比较小，一般就在公司匆匆解决。通常上班族自带的午餐会是几片三明治、一杯咖啡或者是汉堡包、热狗和一杯饮料，又或者是在公司的厨房里做生菜沙拉。如果遇到好的出游天气，美国家庭都会去户外野餐、烧烤等。野餐通常是把烤肉等熟食用篮子带到野外去吃，而烧烤一般在自家院子或者野外生起炭火把食物烤熟，美国的很多公园都有提供烧烤用的工具。

美国人的晚餐是一天中最为丰盛的，称为正餐，通常在下午6点左右开始。晚餐一般会先上一道美味的浓汤，由去壳蛤蜊肉、面粉、土豆丁、牛奶、面粉、洋葱、盐、牛油、胡椒粉等组成。在吃主菜之前，会有一些开胃食品，例如炸洋葱圈、蘑菇等。主菜有炸虾、炸鸡、牛排、烤羊排、烤牛肉、火腿、海鲜鱼类，另外还会有蔬菜、面条、面包、米饭等。美国人喜欢在饭后吃甜点（比如蛋糕、冰激凌等），最后再用一杯咖啡完美结束。美国人不喜欢在餐碟中剩食物，同时也不爱喝茶、吃蒜或过辣食品，不吃肥肉、动物内脏等异常食物。

美国的地方菜各有特点，六大菜系区域均有不同的饮食文化及饮食特色。

▲ 美式早餐

类别	文化特征	代表菜式
太平洋菜系	主要指加州、俄勒冈州、华盛顿州和夏威夷州一带。夏威夷州靠海岸线的地区海鲜丰富，加州是美国特色农业产品最多的州，四季都有新鲜的水果、蔬菜，所以太平洋菜系里有很多沙拉，也受到了墨西哥和亚洲的影响。	 煎金枪鱼
西南菜系	指美国西南部沿着墨西哥边境线的亚利桑那州、新墨西哥州、德克萨斯州，这些地方的菜系受到了墨西哥菜比较大的影响。	 德州烧烤排骨
法人后裔菜系	是指 18 世纪移民到路易斯安那州的法裔，他们的菜系是美国最独特的，将法国菜、印第安人菜和南方黑人菜结合起来。	 秋葵虾汤
南方黑人菜系	南方的黑人菜系被称之为 Soul Food ，即家常菜的意思。	 芥蓝和培根
纽约菜系	纽约的特色菜式是犹太人从欧洲带过来的。	 贝果核奶油奶酪
新英格兰菜系	新英格兰靠近大西洋，料理以海鲜为主。	 蛤蜊汤

（二）

美式餐饮的特点

1. 饮食追求“短、平、快”

美式饮食不讲究精细，追求方便快捷，比较大众化，一日三餐都较为随意。与美国人的独立、自由观念相对应，美式饮食特点可以用“短、平、快”来形容，在保证提供人体所需营养的同时制作简单而不花哨，因此像火腿、培根、面包和可乐等快餐食品，容易实现标准化配方和生产，适合于大规模工业化加工。

▲ 薯条

▲ 热狗

快餐是美国人追求效率、讲求省时、省力的产物，它以快捷、方便的特点广受人民喜爱，也被全世界人民接受。它体现了美国人高效率、快节奏的生活方式，传递出美国人自主创业的精神，也展现了美国人认真、严肃的工作态度和品牌意识。美国快餐文化不仅是美国饮食文化的一大代表，更是美国民族精神的代表。

高效率与快节奏使得快餐渗透到美国社会的各个角落，快餐文化也成了美国餐饮文化的一个主要特征。在美国，人们经常会选择快餐作为他们的午餐，这也是他们一日三餐中最简单、食量最少、最好对付的一餐。常见的快餐有热狗、汉堡、三明治、薯条、薯片、洋葱卷、炸鸡、炸鱼、比萨、烤肉串等。

现代的美国人是在汽车文化的熏陶下成长起来的，汽车在美国人的生活概念中扮演着至关重要的角色，因此，美国的快餐业也与汽车文化息息相关。那些快餐的商业网点总是会与高速公路、停车场、汽车加油站一起，而这也为它们提供了最为忠实、稳定的消费人群，因为公路上的客人需要高效、便捷的用餐。在美国，快餐店的餐饮环境设计也非常注重满足消费者的心理需求，常常给人一种“宽敞、明亮、洁净卫生”的第一印象，同时注重“高效、便捷”的整体印象和亲身体验。

▲ 汉堡

▲ 可乐

2. 偏爱生食

除快餐外，美国饮食在口味上均比较清淡，讲究突出主料的自然口味。由英式菜系派生出来的美国菜发展至今，在口味及用料上已经发生了不少变化，传统的咸、鲜、甜口味已日趋清淡，其代表菜就是沙拉。沙拉选料广泛，别具一格，打破了传统西餐中沙拉的陈规旧念，以开胃菜、主菜、配菜和甜品等各种形式出现。在美国的餐厅中，随处可见销售沙拉的沙拉吧。

▲ 蔬菜水果沙拉

用料方面，黄油改用了植物黄油或生菜油、奶油改用假奶油（即完全脱脂奶油）、奶酪改用液态奶、水果拼盘不用罐装水果而使用新鲜水果、浓汤改为清汤、肉类则多用低脂及低胆固醇的牛肉与鸵鸟肉等。

3. 常用烧烤的烹饪方式

在烹调上，美国菜所采用的方法也非常多样，但以烧烤最为流行。许多食品原料都可以通过烧烤的方法加以制熟，如番茄、小南瓜、鲜芦笋以及各种禽肉、海鲜等。

烧烤在美国是一项拥有悠久历史的烹饪传统，通常在户外进行。烧烤可谓是“各州有各州的风味”，比如说，美国中西部地区堪萨斯城的人们喜欢用一种带有甜味的烧烤酱料来腌制肉类，南

◀ 烤肉

部德克萨斯州的居民则更喜欢以辣味酱汁给牛肉调味，北卡罗来纳州东部的居民喜欢以醋制成的酱料烧烤肉类，而他们西边的邻居则喜欢用一种由番茄制成的浓稠调料。在加利福尼亚州，很多人喜欢烧烤海鲜，而烧烤汉堡、热狗和鸡肉则风行整个美国。

美国人喜欢烧烤，把家里带有烤肉架的后院称为“户外厨房”。烧烤聚会已经成为一种主流的社交活动，并成为宴请亲朋、结交新友、和睦邻里的最佳场所。许多美国人喜欢炫耀他们后院的烤肉架，并以拥有独特的秘制烧烤菜谱而自豪。

4. 饮食多元化

美国是个移民国家，食品菜肴自然也是“大熔炉”的多元特色。美国人日常生活中接触到最多的食物，如汉堡包、炸鸡、比萨、三明治、热狗、炸薯条、甜甜圈等都是早期从西欧各国传入的舶来品，牛排、羊排、狗扒、鱼排也不是美国的本土菜，因此有许多人会用严厉的眼光、严格的尺度来衡量美国的菜系，认为这些都不能算是正宗的美国菜。

▲ 加州卷寿司，寿司原是日本菜，加州卷是日本人来到加州后为了适应美国人的口味发明的

美国由于历史较短，源自本土的特色饮食不多，烹调手法主要以煎、煮、烤、炸和生吃为主，原料主要为蔬菜和家禽。美国的历史是移民的奋斗史，来自世界各地的各阶层移民为美国带来了各种美食，并在制作方法上加以改良，使世界的餐饮文化在美国得到了充分融合和改进，更适合美国人的口味。

美国的国民来自世界各地，不同的国家、不同的文化背景和饮食习惯造就了美国饮食上的大杂烩，绝大部分美国主流食物都带有舶来品的影子。这些外来的餐饮文化与本地文化的结合造就了美国多元化的饮食特点，走在纽约、洛杉矶等大城市的街道上，各种餐厅随处可见，中餐馆、韩国餐馆、越南餐馆、印度餐馆、墨西哥餐馆、日本餐馆、法国餐馆应接不暇。

由于受到早期移民（英国清教徒及美国拓荒者）的影响，传统的美国菜就如同传统的美国人，它的特色是“粗犷实在”，使用新鲜的原材料，不增加添加剂、调味料，食物保持原汁原味，烹调的过程也不拖泥带水。无论是烤、煎、炸都没有繁杂的工序，也不讲究细火慢炖（除了少部分的地方菜肴），没有太多的花哨装饰，放在盘子里的食物都能吃下肚里，使食客有痛痛快快、实实在在吃饱的感觉。

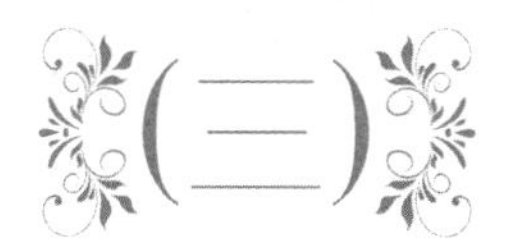

美式餐饮空间氛围的营造手法

1. 整体装饰设计

美国是个新移民国家，来自全球各地的移民共同为这片土地的建设而努力，使美国成为全球最大的文化熔炉，这个文化熔炉孕育出了兼容并蓄的美式家居风格。

美国人崇尚自由，这也造就了其自在、随意的不羁生活方式，没有太多造作的修饰与约束，不经意中也成就了另外一种休闲式的浪漫。美国的文化脉络以移植文化为主导，它有着欧洲的奢侈与贵气，但又结合了美洲大陆这块水土的不羁，这种结合剔除了许多羁绊，但又能找到文化根基的存在，形成了高贵、大气而又不失自在与随意的风格。

美式风格迎合了时下的文化资产者对生活方式的追求，既有文化感、贵气感，还不能缺乏自在感与情调感。风格的形成演变，往往承袭着地域的文化脉络，也展现当地人的生活形态。美式风格不同于欧式古典的繁复，多了几分随性与自在，这种不经意的浪漫、不羁的生活方式，让许多人在选择装修风格时为之向往。

（1）顶角线

美式氛围中，顶角线往往充当着画龙点睛的角色。顶角线作为吊顶的一种石膏线，一般为 5cm 宽，花型各异。美式顶角线的侧切面就是一个三角形，简洁明了，而欧式则喜欢增加很多花纹和复杂线条。美式空间中，有时也会在顶角线与门套中间增加一层壁纸腰线的设计，白色的门套与顶角线相互呼应，而腰线的填充则避免了单调的重复，增加了空间的灵动性。

▲ 天花板的顶角线造型

（2）墙面色彩

美式风格沉稳、大气，偏重棕红、蓝、白等的色调配色，有时也会选用比较轻松的绿色和米色，体现出主人的品味与喜好，也流露出主人的身份和地位。同色系的壁纸，腰线的穿插，和谐而统一的经典条纹，永不落幕 。条纹与花形图案壁纸，虽然形式多样，但同样可以协调墙面的搭配，也能够使整个空间的立体感显著增强。

▲ 美式风格常用色彩

（3）线板及壁板造型

在美式风格的空间场景中，线板造型绝对是经典元素之一，不论是在天花板、踢脚板甚至是壁面上，透过简单的线板轻描，就能产生美式古典的韵味。壁板可以分为高壁板、半腰壁板、腰线板三种类型，高壁板的大面积铺陈呈现优雅的古典风情，半腰壁板与腰线板则能在上方留白处贴壁纸、刷漆，产生多元的氛围效果。

◀ 美式墙面线板

（4）格状玻璃门窗

美式风格讲究简洁的设计基底，因此喜爱在门窗造型上多作变化，经典的格状玻璃门窗，更让空间多了份优雅的轻透感。此外，格状玻璃门窗还依大小之分有着古典与乡村格调的不同呈现，而针对无法使用格状玻璃门窗的餐饮空间，其实可以利用格状玻璃餐柜取代，创造同样的轻透效果。

▲ 门窗、餐柜上的格状玻璃

（5）实用与美感兼具的造型柜

餐柜与吧台是美式风格里常见的设计，除了可作收纳使用，更可提供惬意自在的用餐环境，象征着美式生活里自由随意的个性，同时也相当具有设计质感，一举数得。

不同于一般柜体的平整、简约设计，美式餐柜可以叠加线条增加层次感，提升线面的柔和精致度，或是增加一些抽屉造型、在柜体前加个梯子等，让实用机能也兼具趣味性和美观度。

▲ 层次丰富的造型柜子

（6）壁炉

在美式餐饮空间中，壁炉是不可缺少的元素，往往成为空间的装饰焦点，一般呈简洁、朴实的直线型，常见砖砌壁炉与无表面处理的壁炉架相搭配。除了提供取暖的实际功能外，还是传统美式文化的延续。壁炉本身的优美线条再配上纯装饰的电子壁炉，仿佛时空在飞跃，回到往昔岁月。

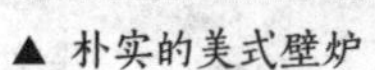

▲ 朴实的美式壁炉

（7）木材与石材的使用

木材是美式风格空间常见的材质，尤其是洗白质感，不仅能增添空间的明亮度，而且洗白的样貌能为空间带来岁月陈旧的气氛。木材本身温润的特性，更能为空间铺陈舒适的感受。

在美式乡村风格空间中，一般强调简洁明晰的线条和优雅、得体有度的设计，对各种仿古墙地砖、石材较为偏爱，并追求各种仿旧工艺。因此，硬装材料的选择，多使用厚重质感的材料，比如地面使用石材或仿古砖装饰、电视墙运用大理石饰墙等。清新、自然的木材不论是作为地板、壁面还是家具，同样继承了美式乡村风格的特点，但空间感上不会像石材那般略有冷意。此外，美式乡村风格的装饰材料还有铁艺、棉麻、陶瓷，其纯粹简单甚至略显粗糙的质地造型上，绘上色彩缤纷的大型花卉图案，能展示出自然温馨之感。

▲ 木材与石材是美式风格常用材料

2. 软装配饰

（1）质感坚实的复古家具

美国以特有的风土人情和人文地理因素，打造出独特的风格家具。家具以粗犷的造型和多种应用功能见长，成为世界家具中长盛不衰的一支流派。其主要特色是用色较深、曲线雕花较多、做旧明显。美式家具古朴、富有质感，与其他式样的家具容易混搭。破坏是美式家具在涂装过程中充分体现仿古效果的一道工序，主要仿造风蚀、虫蛀、碰损以及人为破坏等留下的痕迹，可以塑造出历史延续的效果。

▲ 餐桌椅

美式家具的表面油漆以单色为主，一般擦色漆处理，轻微做旧。家具分为小美式和大美式，小美式和乡村风格家具差不多，在款式上要小于传统美式，雕花也明显减少，只在主要部位少量点缀；大美式即传统美式，最直观的感觉就是尺寸较大，其庞大的体积是沿袭美国原始及历史传承下来的设计特色，具有一种不可言传的气势，在舒适性上更为凸显皇权的贵族享受。工艺上的做旧，也是美国人的仿古情结所致。美式家具的粗大块头，掩饰不住细节处的精巧，它的典雅带有很强的主观感觉。美式家具比欧式家具更注重线条美感的布局和搭配，随意、典雅、舒适，无处不在，传达了单纯、休闲、有组织、多功能的设计思想，让空间成为释放压力和解放心灵的净土。

▲ 单人椅　▲ 吧椅

▲ 单人沙发

(2) 布艺

美国人非常重视生活的自然舒适性，装饰充分显现出朴实风味。布艺是美式风格中非常重要的软装元素，天然的质感与美式风格能很好地协调，各种繁复的花卉植物、靓丽的异域风情和鲜活的鸟、虫、鱼图案均很受欢迎，舒适而随意。

传统美式风格的窗帘花色多为花朵与故事性图案，注重与空间的和谐搭配。材质丰富，深色的绒布能凸显古典的格调，丝质的窗帘带有奢华的质感，而印花几何纹的纯棉窗帘也较为常见，可带来田园乡村的气息。

美式风格的窗帘一般都不用帘头，常以穿通款的帘身搭配以各式明杆，这是与欧式风格窗帘很大的区别。这种窗帘的处理简洁明了，挂穗、掀帘带及五金配件成为了主要的装饰，起点睛作用。

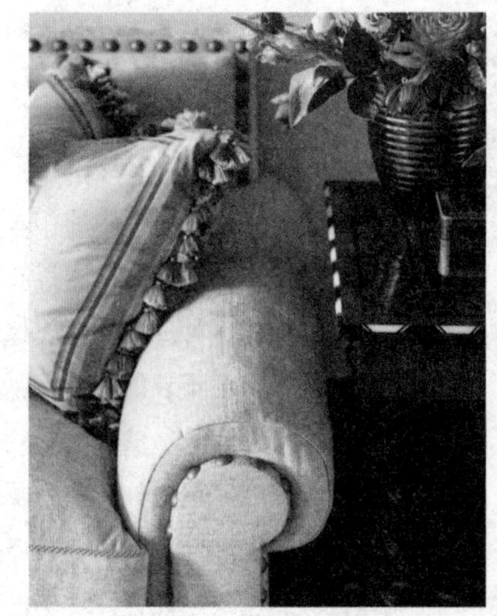

▲ 图案丰富的布艺靠枕

(3) 地毯

方形和长方形编结布条地毯是美式风格标志性的传统地毯，通常布置在使用频繁的区域，如出现在餐厅中，可为整个餐厅氛围平添许多温暖。地毯的选择以传统的花纹居多，这样可以使单调的设计丰富化，偶尔也可选择素色的地毯去搭配丰富墙面与家具的设计，使整体更加和谐。

▲ 编织地毯

▲ 绿色植物生机盎然

(4) 植物与花卉元素

美国人讲究随意而轻松的生活，故美式空间装修的一大特点就是室内布置有很多常绿植物，无论是房间的地面、柜子上还是桌子上都随处可见绿植的身影。在靠窗的角落，则可摆放耐阴的室内盆栽，既可以增加绿意，也可以净化室内空气。在软装搭配时适当选用绿色植物，还可形成错落有致的格局与层次感。

欧美人士对花草向来情有独钟，许多人都喜爱园艺，有自己的庭院，因为美国的别墅占到住宅总量的 80%，是中产阶层基本的居住方式，其室外一般都设有园林。

种花、插花，把满园的缤纷带到室内，这是民情使然，设计师在设计室内空间时，也会把花卉元素带到餐饮空间里，随处可见花卉图案的踪迹。花卉元素能带来优雅而清爽的自然感，这也算是美式乡村风格的一大特点。

▲ 花卉元素无处不在

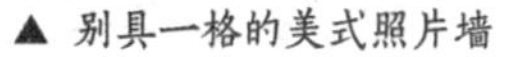

▲ 别具一格的美式照片墙

(5) 装饰画点缀空间

美式空间的墙饰充满着手工艺的杰作，装饰画随处可见。木质镜框作为传统墙饰，造型简洁，表面一般只做简单的清漆处理。带点现代格调的美式空间一般选用另类、抽象的油画；乡村风格的则大多选用风景油画等，内容基本以群山、海景、帆船、树林、水果和花卉为主题。美式空间的格调一般都比较大气，所以油画的大小尺寸各不相同，不过在大气的环境中添加一幅别有特色的壁画，无疑给人一种心旷神怡的感觉。

（6）牛仔元素

牛仔文化起源于美国新墨西哥州。牛仔的精神本意是“自由”，大约等同于随心所欲、我行我素，代表人性本真。牛仔不仅为美国创造了物质财富，同时也对美国精神文明的发展产生了深远影响，为此还衍生出独特的“牛仔文化”。牛仔文化的涉及面很广，已在衣、食、住、行等各方面深入到现代美国人的生活之中，长久以来，美式风格就如同老电影里的美国牛仔，粗犷、豪迈、自由而且奔放。

▲ 动物皮革的织物

美式风格的餐厅往往都比较个性，牛仔在其中的布局也是一大特点，以使用舒适为主进行考虑，这样布置出来的就是具有独特魅力和气质的美式风格空间。这些装饰配件都有着狂野的美国牛仔气息，让人产生一种热情、奔放的感觉。做旧的处理，让家具更加带有历史气息，如同牛仔裤般的感觉，代表了经典的美国风情。原始木头、石材、铁艺等原始材质的运用，也让这种感觉更加纯粹。

▲ 动物皮质家具

◀ 做旧的皮箱作为茶几使用

3. 其他服务

（1）就宴礼仪

尽管不必拘束，但到美式餐厅用餐还是需要讲究一下礼仪。一般情况下，餐桌上只摆放有一副餐刀和两副餐叉，外边的餐叉供吃沙拉，里边的餐叉用于吃主食和其他点心食品，餐刀用来切肉食。欧洲人进食时是一手拿刀、一手拿叉，而美国人只用一只手轮换用餐具，另一手则放在膝上，切记别把刀当叉来使用。

在欧洲，当右手握刀、左手拿叉切好东西后，直接以左手叉起食物送入嘴中是可以被接受的，但到了美国，则应放下刀子，将叉子交到右手，再用右手叉起食物。餐巾铺在膝上，不能用餐巾擦餐具。坐姿要端正，手臂不能横放在桌上。面包要掰成小块食用，喝汤、咀嚼时不能出声，更不能打喷嚏、擤鼻子、咳嗽、打嗝或剔牙。渣滓不能直接吐在盘中，要用叉接住后放入盘中。当客人较多时，应等年长、职位高的客人告辞后方能告辞。

（2）餐巾的用途

当主人打开餐巾时表示进餐开始，此时，其他人也必须打开自己的餐巾，如果是小型餐巾就全部打开，大型餐巾就对折一半，铺于膝上。

在整个用餐过程中，餐巾都要铺在膝上，用餐中途如果要暂时离开，应该把餐巾留在椅子上。

当主人将餐巾放在餐桌上时表示用餐结束。此时，其他人也必须把餐巾整齐地放在自己餐盘的右边（但餐巾不可折叠或揉成一团）。

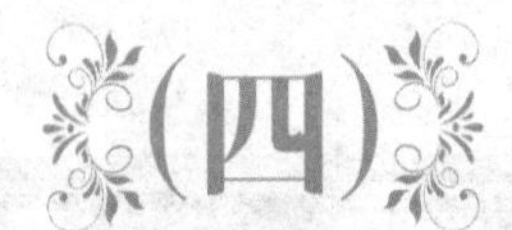

案例解析

项目名称 **组约华尔道夫酒店**

设计师 Henry Hardenbergh

Henry Hardenbergh 的设计特质

- 运用当地的文化素材，在此基础上进行再创造，使客人感受到当地文化的影子，但又不觉得太古老，而有新的理念蕴藏其中。
- 尽早介入酒店设计，精准地把握客人的接待体验，戏剧化的感受应在设计中贯穿始终，确保设计与服务的完美结合。

具有 100 多年历史的纽约华尔道夫酒店是全世界最著名的豪华酒店之一。这家位于市中心曼哈顿的豪华酒店靠近购物、娱乐和商务区，是享受创意美食和周到服务的终极目的地。作为纽约最有名的饭店，这里贵宾云集，几乎所有的美国政要和来过美国的世界级政要都曾在这里下榻过。这栋纽约市的地标建筑，被视为装饰派艺术时期建筑与设计的典范。

走进酒店，岁月沉淀出来的优雅气息扑面而来，忍不住让人想要去探寻它背后的故事。酒店无论从外观还是内部设计上都透着古典的气息，走进大堂，首先映入眼帘的是浅黄色大理石地面的大厅，两边各有一些休息的椅子，两侧走廊里则是会议室。Art Deco（装饰艺术）风格的金色大厅和深褐色的木板墙面，给人恬静的感觉。

穿过大厅，才是酒店真正服务接待的正厅。正厅比篮球场略大些，一边是办理入住的服务台，另一边是休闲的酒吧。整个正厅的天花板上镶有精致的欧式金属雕花，四周墙面上端也有古色古香的雕刻，整个空间显得非常庄重、雅致。酒店开幕时购自欧洲的大座钟，如今依然安置在饭店大堂，它象征着华尔道夫的百年史。八面塔钟从1983年展示至今，一直是大堂的焦点。

华尔道夫酒店被视为装饰派艺术时期建筑与设计的典范，其建筑本身即是一件充满活力的艺术品，有多件著名雕塑和画作装饰于酒店之中。至今，酒店仍保留着法国艺术家路易斯·里加（Louis Rigal）创作的壁画和名为“生命之轮”（Wheel of Life）的马赛克拼贴艺术，以及其他多位艺术家的壁画及雕塑。

大楼内有 3 个宴会大厅，其中 Peacock Alley 宴会厅坐落在底楼大堂的中央，对所有公众开放。餐厅的装潢设计给人奢华富丽之感，本身以鱼类海鲜佳肴闻名。

可以品尝特色的牛排馆（能给各国元首做饭的厨师，不但要会美式、欧式等各国菜肴，还要能做咖喱、川菜）显得古色古香。

见证着如此辉煌传奇历史的华尔道夫酒店吧厅，一直保存着此地深厚的历史文化，收藏着珍贵的记忆，委婉地传递给到访的每一个人。

孔雀廊宴会厅除了 1 个餐厅和 2 个私人包间外还包括 1 间酒吧。孔雀廊宴会厅有个传统，每年的 12 月 5 日都会举行派对，庆祝 1933 年 12 月 5 日美国完全废除禁酒令。

全纽约唯一四层楼高、拥有两层包厢的大宴会厅，每年的卡内基音乐厅开季式晚宴和各种慈善晚宴都在这里举行。设计中，运用了经典 Art Deco 元素、大量名贵石材、金属以及浮雕等设计要素。

华丽的灯光，舒适的座椅，繁茂的花束，一不留神就如同穿越到了似水流年，吃食物的速度自然也会放慢下来，不由自主地投入到优雅的氛围之中。这里主打海鲜和牛排，经典的华尔道夫沙拉清新爽口，热乎乎的洋葱汤很适合乍暖还寒的天气，红丝绒蛋糕也是华尔道夫餐厅里不可不吃的甜品。

第七章

意式餐饮

意大利全称意大利共和国，是欧洲文化的摇篮，曾孕育出罗马文化及伊特拉斯坎文明，中世纪时成为文艺复兴的发源地。意大利是一个高度发达的资本主义国家，为欧洲四大经济体之一，与中国一样，不仅有悠久的历史、灿烂的文化、雄伟的建筑，更是著名的美食王国。

意大利饮食是西餐的起源，法国菜的始祖即为意大利菜。1533 年，意大利公主下嫁法国王储时，曾从意大利带了 30 位厨师前往，将新的食物与烹饪方法引介至法国。大家熟悉的意大利饮食有意大利面、比萨、意大利调味饭及意大利式冰激凌等，意大利美食与其他国家的不同之处就在于选材丰富，并可随意调制，精髓在于表现自我。

（一）

意大利饮食文化

意大利是一个非常美丽的半岛国家，既有看不完的古迹、听不完的音乐、踢不完的足球，也有尝不完的佳肴。意大利菜式风味独特，有很深厚的“饮食文化”底蕴，在世界上很有名气。意大利人会把“吃”看成是一种享受。

▲ 米兰大教堂

意大利的美食典雅高贵，浓郁朴实，讲究原汁原味。源远流长的意大利餐，对欧美国家的餐饮产生了深远影响，并发展出包括法餐、美国餐在内的多种派系，故有“西餐之母”的美称。

意大利长久以来各自为政的历史背景，使得各地的饮食也呈现出多元化的格局，光是意大利面的种类就高达 300 余种，乳酪有 500 种，更不用提意大利最平常的饮料—— 葡萄酒了，竟然达到 1000 多种。即使如此，意大利菜仍有一项共同的特色，就是烹调者与享用者的品味，对意大利人来说，饮食不仅仅是为了饱足，更是生活中的重要构成元素与内容。因为尊重与讲究美食的态度，造就了意大利菜的卓绝魅力，进而成为意大利的文化内涵之一，其丰富度不亚于缤纷的文艺复兴成就。

▲ 罗马斗兽场

◆中、意两国饮食共性

中、意两国均为历史悠久的文明古国，在各自的领土上都曾留下灿烂的文化，饮食文化作为两国文化的重要组成部分，自然也在传承与保护之列。

意大利与中国的饮食文化各具特色——意大利菜被称为西餐之母，中国菜则被认为是东方料理的鼻祖。意大利统一之前，由于城邦体制及地形限制，各地并未形成统一的语言文化，饮食习惯也存在较大差异。中国幅员辽阔，各地气候、物产差异巨大，使得中国饮食难以用单一菜系作为代表。在全球化快速发展、世界各国文化剧烈冲击与融合的今天，无论是意大利美食还是中国美食，都应该汲取对方饮食中科学、健康的内容，使各自的饮食文化不断发扬光大。

1. 不同地域菜系

意大利半岛形如长靴，南北气候差异很大，各个地方城邑因长期独立发展，逐渐产生独特的地方菜系。意大利饮食烹调崇尚简单、自然、质朴，地方菜按烹调方式的不同而分成了4个派系，分别是北部菜系、中部菜系、南部菜系与小岛菜系。

类别	文化特征	代表菜式
北部菜系	意大利北部是全国最富有、人口最多的地区，这里土地肥沃、水利资源丰富，交通十分便利。河谷两岸形成了富饶的农业区，主要生产水果、蔬菜和麦子，苹果产量全国第一，葡萄种植也很普遍。意大利北部盛产稻米，适合烹调意大利调味饭（也称利梭多饭），喜欢采用牛油烹调食物，以宽面条以及千层面最为著名。	 千层面
中部菜系	中部菜系以多斯尼加和拉齐奥两个地方为代表，特产多斯尼加牛肉、朝鲜蓟和柏高连奴芝士。 意大利的美食享誉天下，罗马的美食更是独具特色，要品尝正宗的罗马当地美食，就要选择坐满当地人的餐厅，这些餐厅多集中在纳沃纳广场、费奥里广场和罗马大学等地。	 意大利比萨
南部菜系	意大利南部特产包括榛子、莫撒里拿芝士、佛手柑油和宝仙尼菌。面食主要包括通心粉、意大利粉和车轮粉等，更喜欢用橄榄油烹调食物，善于利用香草、香料和海鲜入菜。意大利南部盛产海鲜和蔬菜，色彩、烹调都具明显的地中海风格，香料下得重，手法简单、凸显原味，衍生出不少口感丰富的历史级佳肴。	 通心粉
小岛菜系	小岛菜系以西西里亚为代表，深受阿拉伯文化影响，食风有别于意大利的其他地区，仍然以海鲜、蔬菜以及各类干面食为主，特产盐渍干鱼子和血柑橘。西西里岛的海产极多，海鲜称得上是意大利最靓、最好的（比如马鲛鱼），富有浓厚的地中海风味。海鲜亦可做成不俗的小菜，如“亚支竹煮墨鱼”，成为浓香、清爽的热食。	 西西里式鱼柳卷

2. 意大利面食

在全世界吃面条的国家中，唯一能和博大精深的中国面食文化相媲美的国家就数意大利了。面食是意大利美食文化中一道不可错过的风景，早在中世纪，意大利面就有不同的形状和大小，这种特色一直保持到今天。几个世纪来，意大利人一直把做意大利面当成一项严肃的事业。

▲ 蝴蝶面

现在的意大利面，基本上都是干面。干面条的形状很多，大多数是根据形状命名的，比如蝴蝶形面、贝壳面、细面、通心粉等。带馅的面食，类似于中国的饺子和馄饨，通常配着沙司酱吃，意式饺子有时也会就着汤吃。

意大利面必须有沙司酱来配，最早的沙司酱是猪油和奶酪，富人们则用糖和肉桂。番茄沙司到 19 世纪才成为意大利面的佐餐佳料。

意大利面和沙司酱的搭配也有一套规矩，酱要能挂在面上，这样每吃一口才能既吃到酱又吃到面，反之则很有可能面吃完了，碗里还剩下一堆酱。总的来说，挑选酱的原则是用香滑奶油酱配细长面（如细面条和扁面条），用有肉块的酱搭配中空或者拧好的面条（如管形面和螺丝粉）。

中国面食与意式面条最大的区别之一，在于意大利面条（包括带馅的面食）都是煮到硬硬的带点嚼劲即可。这其中是有道理的，如果面煮得太烂，就挂不上酱了。由于用的面粉不同，新鲜面条不必煮得像干面那么硬。在意大利，面一般是肉菜前的头道菜或第二道菜。

▲ 通心粉

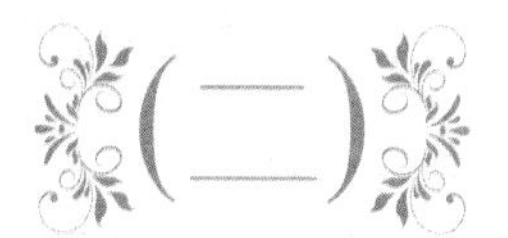

意式餐饮的特点

1. 昂贵的食材

松露是一种世界各地从普通食客到美食家再到名厨都争相追捧的顶级奢华美食，在西方号称“厨房里的钻石”，而最名贵的“钻石中的钻石”就是意大利的白松露。它是一种蕈类的总称，食用气味特殊，含有丰富的蛋白质、氨基酸等营养物质。松露对生长环境的要求极其苛刻，且无法人工培育，产量稀少，故珍稀昂贵，因此欧洲人将松露与鱼子酱、鹅肝并列为“世界三大珍肴”。

▲ 白松露

2. 饮食结构均衡

健康也是意大利美食的另一个特点，一方面，因为意大利菜里面从来不添加化学食品添加剂（比如味精，或加热后会产生致癌物质的食品添加剂），通常都会加一些自然的植物香料（如罗勒、欧芹、洋葱、大蒜和黑胡椒等）；另一方面，大部分意大利菜肴烹饪时都需用文火，甚至是小火，很少有煎炸的菜肴，因此肝脏的负担较小，自然油烟吸入少，对人体健康有利；再者，做意大利菜肴用的是橄榄油，橄榄油在地中海沿岸国家有几千年的历史，在西方被誉为“液体黄金”“植物油皇后”和“地中海甘露”，原因就在于其具有极佳的天然保健功效和美容功效。另外，除了橄榄油以外，不可缺少的红葡萄酒也有很好的抗氧化作用和抗癌功效。

3. 家常情结

意大利人在饮食上属于“随意派”，菜式比较随性，常常富有家常气息。意大利人吃任何食材，都讲究原汁原味，往往使用最简单的做法，做鱼和鸡大多不放什么佐料，只在锅里煎或烤制，然后浇上柠檬汁或撒点胡椒面和盐即可上桌；吃虾只在白水里煮一煮，而牛排，最好便是炭烤了。

意大利菜被形容为“妈妈的味道”，意大利的许多母亲会在周日做手擀的意大利面，而最常用的食材，就是庭院里栽种的青菜、自养的家禽，如此家常食材与母亲的爱，融合烹煮出温馨之味。

4. 重要配角——意大利咖啡和甜品

吃意大利菜一定要佐以美酒——红肉配红葡萄酒，白肉配白葡萄酒，饭前喝开胃酒，饭后有白兰地或甜酒，目的皆是以酒香烘托出美食的最佳口感。而除了喝酒，意大利人在餐后同样喜欢喝一杯浓缩咖啡来帮助消化，正如罗蒂咖啡意大利餐厅的老板所说，“用一杯浓缩咖啡作为一顿意大利餐的结尾，是近乎完美的事”。

“拿铁”在意大利语中代表牛奶艺术，拿铁艺术也叫拉花艺术，即是借助外力（或单纯以人手）用向前推或向后拉的动作过程，使奶泡在咖啡上形成各种花纹，这需要极为高超的技艺。

而最好的意大利咖啡，在本质上必是经过了深度烘焙，咖啡豆的原有特性被充分尊重，最终将其香气与香味最大限度地表现出来——只有这样一杯卖相精致、内涵丰富的咖啡，才算是一次意大利美食之旅的完美句点。而有时候，咖啡师还会走到客人面前，现场拉出客人想要的图案，这也是一些咖啡厅的一项“特殊服务”。

在很多意大利餐厅中，甜点都是餐桌上很重要的一道程序。每个餐厅都会有自己的招牌甜品，或是蛋糕，或是冰激凌，每款都有自己的特色。意大利人很喜欢吃蛋糕，研制出了很多不同的款式，经典的提拉米苏、黑森林、可爱的草莓芝士蛋糕、清新的柠檬蛋糕、霸气十足的拿破仑蛋糕等，终有一款会是你的喜爱。

▲ 拿铁

▲ 提拉米苏

小贴士

◆意大利菜的现代演变（米其林厨师 *Claudio Sadler* 先生）

意大利的美食多样，在20世纪80年代，传统的意大利菜却是根深蒂固，缺乏烹饪技术的创新。在这样的背景下，我们决定用新的烹饪方式来丰富意大利人的厨房。意大利深厚的文化背景给予我们无穷的灵感和想象，我们觉得现代厨房应该适应客人的口味，让客人在品尝食物的时候得到放松。

菜式的成功需要正确的工具和设备，刀具是非常重要的，切割边缘需要熟练掌握并将危险性降至最低。盆子最好用铜制的材料，因为可以传热均匀，长时间的烹饪也无需担心酱汁会变干，但铜制的工具价格较为昂贵。

调料也是非常重要的，最好使用特级初榨橄榄油和花生油，它们具有较高的燃点，总体是健康的。草本香料的使用，尤其是新鲜的那种，例如百里香、马郁兰、水芹、薄荷和生姜根，均是不错的选择。

适合消化和分量的恰到好处是一道菜肴的两个基本因素，一个好厨师必须能够测量出各种配料最合适的组合方式，让客人的味蕾尽情享受的同时，又不会暴饮暴食。

烹饪的敏感性可以让我们认识到什么是完美的烹调，即使是基本的嗅觉和味道的感觉多么紧密地联系在一起。食材的新鲜度也至关重要，最好是当日使用当日购买；气味也是一个重要的指标，新鲜的鱼并不是味道，只是留有挥之不去的海洋气息。

最后值得一提的是蔬菜，建议尊重季节，多选用当季的食材。

◆意大利冰激凌

冰激凌在意大利是一种非常受欢迎的食物，16世纪由西西里岛的一位教士改良，完善了它的制作技术，意大利艺术冰激凌的制作传统也一代一代地传承下来。直到今天，西西里岛的冰激凌仍被认为是意大利最好的冰激凌。到过意大利的人们，品尝到意大利冰激凌文化，无不为其可口的味道以及精致的外形所惊叹。

说意大利冰激凌是真正的艺术品并不为过。从制作工艺上讲，单纯的配方是制造纯粹口感的秘密武器，不论哪一款冰激凌，它的配方中永远没有任何添加剂。

迷恋意大利冰激凌有一种情怀，因为它全是在一个小型的工作坊式厨房由手工艺人制作而成。意大利冰激凌真的很与众不同，在麦当劳快餐文化大行其道的今天，当咖啡也可以被星巴克流水线般制造出来的时候，每一种意大利冰激凌却始终都是专业厨师的手工制作，由此可见它的出身不凡。意大利冰激凌不会冰冻得很硬，口感细腻，轻盈如丝，浪漫的感受不绝于口。它的密度更大，更有弹性。意大利冰激凌含有更多牛奶、更少的奶油，也极少加入蛋黄。大部分冰激凌的脂肪含量较高，由于奶油含量少，意大利冰激凌只含有4%~9%的脂肪。

▲ 自助式冰激凌品种丰富

▲ 意式冰激凌如同艺术品

◆咖啡的饮食技巧

意大利人的“精致生活”理念把喝咖啡这件事情弄得极为复杂，甚至接近于艺术化。多数意大利人是站着喝咖啡的，如果有侍者对你说“请你先坐下，我过一会儿再把咖啡给你端过来”，那就是一个圈套，因为坐下接受服务是需要另外收费的。正因为如此，许多位于居民区的咖啡吧里干脆就没有椅子。

区分“当地人”的概念，不仅仅体现在穿衣打扮上，更重要的是掌握点咖啡的技巧。总的来说，意式浓缩咖啡是一天24小时都适用的，但你若想喝奶沫咖啡，那就必须要在早晨10点半以前。

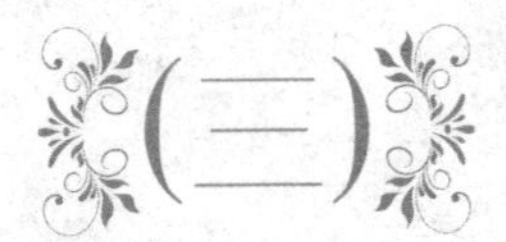

意式餐饮空间氛围的营造手法

伴随着频繁的政权更替和文艺思潮的演进，加上舶来文化的影响，意大利的建筑呈现出丰富多变的风格和别样的独特风韵，各种流派在这里汇聚、交替、融合，为意大利的建筑历史打上不可磨灭的印记。

意大利风格充分发挥柱式体系优势，将柱式与穹窿、拱门、墙界面有机地结合。意大利风格有轻快的敞廊、优美的拱券、笔直的线脚，以及运用透视法将建筑、雕塑、绘画融于一室，创造出既具有古希腊的典雅又具有古罗马的壮丽景象。意大利风格是体现出个性解放以及人文主义思想的朴素、明朗、和谐的新室内风格。

1. 整体装饰设计

（1）束柱

柱子不再只是简单的圆形，多根柱子组合在一起，强调出垂直的线条，更加衬托了空间的高耸、峻峭。哥特式教堂的内部空间高旷、单纯、统一，装饰细部（如华盖、壁龛等）也都用尖券作主题，建筑风格与结构手法形成一个有机的整体，整个建筑看上去线条简洁、外观宏伟，而内部又十分开阔明亮。

▲ 常见的束柱强调垂直的线条

（2）花窗玻璃

由于文艺复兴的原因，意大利的教会艺术相当具有成就，教堂建筑也蔚为壮观，对西方文化具有重要的历史意义。

建筑逐渐取消了台廊、楼廊，增加了侧廊窗户的面积，直至整个教堂采用大面积排窗。这些窗户既高且大，几乎承担了墙体的功能，并应用了阿拉伯国家的彩色玻璃工艺，拼组成一幅幅五颜六色的故事章节，起到了向普通民众宣传教义的作用，也具有很高的艺术成就。花窗玻璃以红、蓝两色为主，蓝色象征天国，红色象征基督的鲜血。窗棂的构造工艺十分精巧繁复，细长的窗户称为“柳叶窗”，圆形的则称为“玫瑰窗”。花窗玻璃造就了教堂内部神秘灿烂的景象，从而改变了罗马式建筑因采光不足而沉闷、压抑的感觉，并表达了人们向往天国的内心理想。

▲ 柳叶窗　　▲ 玫瑰窗

（3）十字平面

十字平面布局继承自罗马式建筑风格，但扩大了祭坛的面积。门层层往内推进，伴有大量浮雕，对于即将进入大门的人，有着强烈的视觉吸引力。

中世纪以前的建筑大部分是希腊十字布局，以后的基本上是拉丁十字布局，这样结合哥特式高耸的内部空间，平面长长的空间形式更容易营造神秘、严肃的宗教气氛。由于拉丁十字象征着耶稣的受难，并且能与仪式需要很好地结合，天主教会至此把它视为最正统的教堂形制。

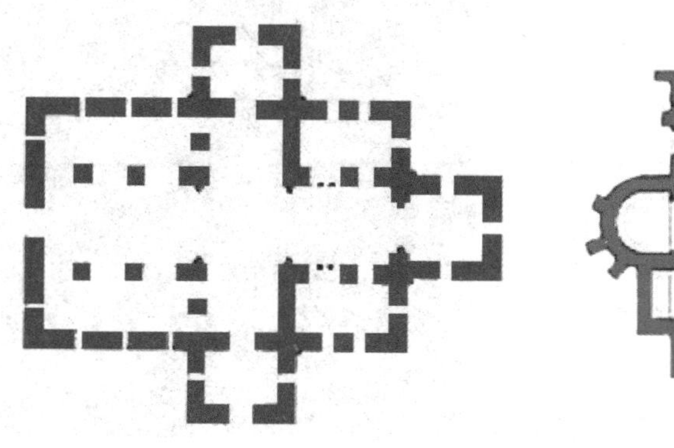

▲ 拉丁十字

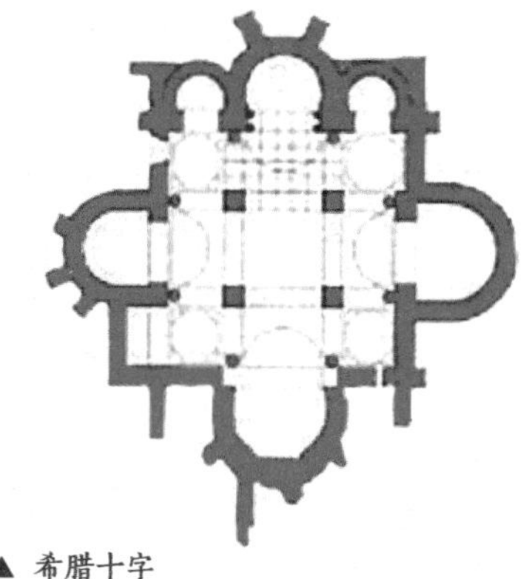

▲ 希腊十字

（4）石材、瓷砖的运用

石材作为天然物质，是一种极具美学价值的装饰材料，无论是罗马的宏大宫殿，还是威尼斯或佛罗伦萨的乡村建筑，都是用石材建造的。宫殿采用昂贵的大理石铺面和复杂的图案设计、精湛的镶嵌工艺，同时也运用了大量石雕。意大利的大理石花色精美、加工精密度高，可用于地面及墙面的装饰。

在现代意大利室内空间中，瓷砖的运用早已超越了其传统的保护作用，更多地侧重于装潢效果。在设计风格上，古典的清新淡雅和现代的明艳欢快都发挥得淋漓尽致，尤其是怀旧系列，给人以洗尽铅华、于平淡中体现自我风范的感受。

▲ 大理石瓷砖铺设的复杂图案

▲ 外墙使用的石材雕刻

（5）中心庭院布局

很多意大利建筑采用中心庭院式的布局，和室内花园藤蔓成荫的空间形成了悠闲的休息区域，再配合外部的橄榄树林，这样的设计是极其美妙的方案。室内一般装饰有百叶窗帘，避免陌生人从街上看到室内，同时还能在夏天控制阳光的直射，也可在冬天适度保温。晚餐时可以在阳台上摆上小桌子和小椅子，虽然面积只能容纳一个人，但试想一下，在这样的小空间里一边品尝意大利浓缩咖啡，一边欣赏美丽的米兰街景，是一种何等的享受。

（6）马赛克

用马赛克拼花装饰地面也是意大利建筑风格的一大亮点。马赛克中含有独特的制作材料，种类多达 2 万余种，色泽鲜艳亮丽，且产品不受气候的影响。地面上的拼花一般适用于面积较大的厅房，中心或边角处做一些跳跃的图案装饰，常会产生意想不到的效果。在各个房间的地面交汇处，用花色马赛克拼贴出简单的线条图案，也有较好的装饰效果。

▲ 马赛克铺装

（7）铁艺

意大利装饰风格在细节的处理上特别细腻精巧，且贴近自然的脉动，拥有永恒的生命力。铁艺是意大利建筑的一个装饰亮点，阳台、窗间都有铸铁花饰，既保持了罗马建筑特色，又升华了建筑作为住宅的韵味感，彰显出意大利建筑古老、雄伟的历史感。

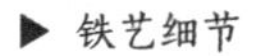
▶ 铁艺细节

2. 软装配饰

（1）奢华、高端的家具

意大利家具在世界家具史上占据着举足轻重的地位，其设计能力闻名全球，英国的白金汉宫、美国的白宫里都能见到意大利家具的身影，皇家气派可见一斑。意大利家具是奢华、高端的代名词，每一处细节都无时不强调着昂贵，色彩绚丽、图案精美、材料精挑细选、工序精心打磨，这就是意式家具经久不衰的魅力所在。意大利作为文艺复兴的发源地，在悠久文化的积淀之下，家具也荟萃了数千年的人文历史，融传统制作工艺和现代科技于一体，以精细的做工和可靠的质量享誉全球。

意大利家具拥有古典和现代两张迷人面孔，把艺术与功能结合得十分紧密。意大利人不但很会生活，更懂得艺术在生活中的地位，这里不仅拥有正宗的欧洲古典风格家具，同时也是现代设计最具活力的地方。他们将不断进步的工业技术与设计的原创力结合起来，在满足产品功能性要求中追求审美属性。很多人一直钟情着意大利，为它那没落的贵族气质着迷，也被其背后的艺术美感所折服。

▲ 现代意大利家具

▲ 古典意大利家具

（2）自然主义的色彩

自然主义是意大利色彩丰富的调色板上最基本的颜色元素，最初的罗马人就很擅长使用颜色来表达艺术，他们从希腊风格上取得灵感，应用于很多活动场所。意大利的建筑被多种色彩和壁画所装饰，同时意大利人也很精于使用不同的石材应用于建筑结构和装饰上，当今意大利的石材加工和设计也是在世界上享有盛誉的。

▲ 芬迪的配色

芬迪、华伦天奴和杜嘉班纳是在意大利享有盛誉的时尚奢侈品牌。标志性的芬迪黄色、赫赫有名的华伦天奴红色和以黑色为主色的杜嘉班纳，都能完美诠释家具世界的高贵气质。

①芬迪黄色

1925 年，芬迪起家于高档皮毛制品，1933 年，芬迪黄色诞生，随后这款颜色不仅象征着品牌标志，还成为了永恒的经典元素。芬迪黄色醒目而浓郁，好似充满热情与朝气的阳光，作为空间里的强调色或点缀色都再合适不过了。

◀ 芬迪

②华伦天奴红色

有一种红，叫华伦天奴红。它诞生于 1960 年，有着罂粟花般的纯正和热烈，绝对是华伦天奴的标准色彩。如果想把这份美艳灼人的红色带入室内，请务必将空间细节做得尽善尽美，呈现出高调、大气的奢华家居生活。

◀ 华伦天奴

③杜嘉班纳黑色

创立于 1985 年的杜嘉班纳，除了红色，最有名的当属将华丽巴洛克与西西里岛风情结合在一起的黑金搭配了。在空间设计中，以黑色为主调的空间神秘而深沉，总能激起人们的无尽想象，搭配无比高贵的金色，能够带来视觉冲撞之美，营造出刚毅、优雅、迷人的巴洛克风情。

◀ 杜嘉班纳

（3）时尚装饰品

意大利米兰时装周是国际四大著名时装周之一，聚集了时尚界顶尖人物、上千家专业买手、来自世界各地的专业媒体和风格潮流，这些精华元素所带来的世界性传播远非其他商业模式可以比拟。米兰时装周一直被认为是世界时装设计和消费潮流的“晴雨表”，与法国一样，意大利同样拥有众多国际品牌，它们对本土乃至世界各地的设计及审美均产生了深远影响。

▲ 天国之门青铜浮雕（门把手局部）

例如范思哲品牌，它创造了一个时尚帝国，代表着一个品牌家族。范思哲的时尚产品渗透进生活的各个领域，其鲜明的设计风格、独特的美感、极强的先锋艺术使它风靡全球。范思哲把对古典希腊图案的喜爱搬到了餐具上，延续服装设计的性感奢华之美，使摆在餐桌上的餐具更像皇室里骄傲的公主，姿态优雅，光彩夺目，散发着不可侵犯的美。

除工艺品外，意式空间设计的亮点还包括对传统材料的运用，因为材质本身已历经几个世纪的验证和使用，这其中也包括了应用于餐饮空间中美轮美奂的饰品。这些最前沿的艺术品，适应了从室内装饰到墙面的点缀，以及窗帘布艺材料广泛应用的需求。浓郁的意大利文艺复兴风格设计，处处流动着奢华、动感及多变的视觉效果，以手工雕刻、实木薄皮镶嵌和贴金箔三大工艺为原则，打造经典、时尚、奢华、舒适为一体的顶级环境。

意式设计中，青铜主要运用在座椅、装饰灯架及各种装饰物中。饭桌、座椅一般以青铜为材料制作而成，而用青铜制作的装饰物（如各种人物的塑造等）能增添房间的艺术气息。

▲ 范思哲餐具

◆社交礼节

意大利人讲究穿着打扮，在服饰上喜欢标新立异，出席正式场合时注重衣着整齐得体。他们喜爱音乐和歌剧，音乐天赋和欣赏能力普遍较高。看歌剧时大都比较注意言行举止，男士要穿礼服或打领带，欣赏歌剧时不能发出任何怪声和大声发表评论，对演员的精湛演出应报以热烈的掌声。

朋友见面，不要立即谈生意，意大利人喜欢先闲聊几句，谈谈天气、交通或家常什么的再转入正题。对商业谈判要有充分准备，对自己的产品要有详尽的了解。此外，绝大多数意大利商人都受过教育，他们喜欢漫谈文化、艺术和国际大事，也喜欢谈论饮食和家庭生活。意大利人善于社交，总能与人谈得十分投机，不要把他们的礼貌语言误解为对你的产品或建议感兴趣。

◆手工艺传承

意大利的设计艺术闻名遐迩，充分展示出风格特点、发展脉络以及意大利人的审美趣味和生活方式。

意大利仍然延续着浓郁的传统习惯和手工工艺，这种量身定做的方式更要归功于许多艺术家的精湛技艺。手工艺作为意大利的一张王牌，不但保存完好，而且依然拥有强大的生命力，俨然成为高端产品的代名词，受到名流的追捧。而所谓高端，除了材质好、设计出色，更重要的就是工艺。在意大利人的心目中，手工制作已不仅只是单纯地制作，它表现的更是一种隽永并无可取代的价值。

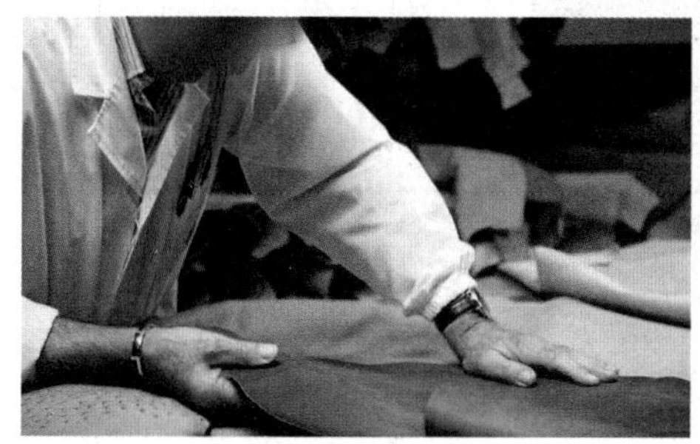

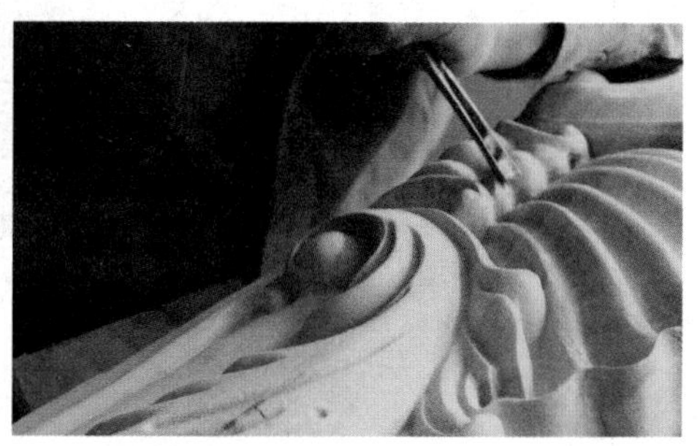

▲ 意大利手工艺

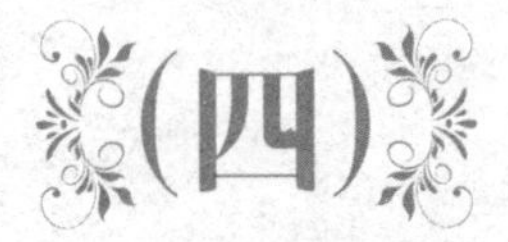

案例解析

项目名称 **意大利 Mercato 餐厅**

设计师
Neri & Hu 设计研究室

Neri & Hu 的设计特质

- 认为研究是设计的一种有力工具，因为每个项目都具备其特有的背景。对规划运作、地点、功能和历史等进行细致而深入的研究是创造严谨作品不可或缺的要素。
- 在研究的基础上，Neri & Hu 致力于建筑与细节、材料、形状及灯光的积极互动，而不是单纯地遵照模式化刻板风格。每个项目背后的成功之处，都是通过建筑本身所体现出来的意义而得到淋漓尽致的体现。

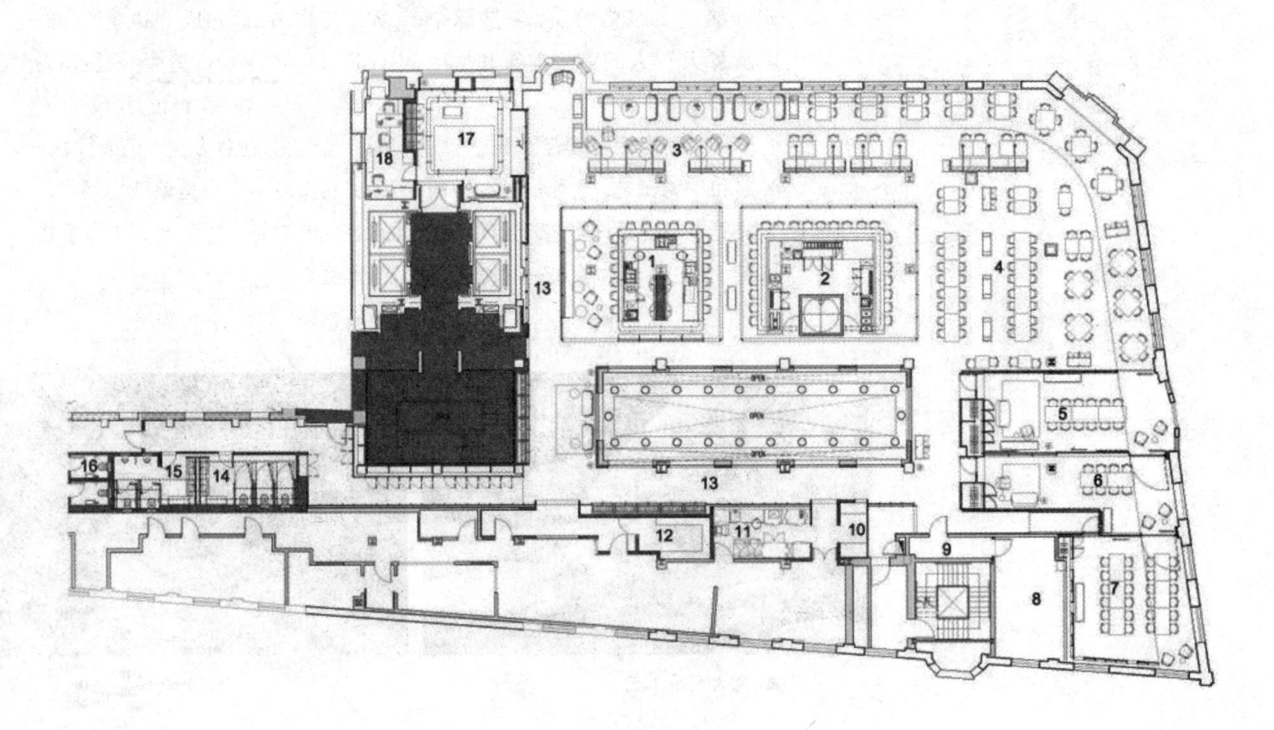

▲ 平面配置图

这个 1000m^2 餐厅的设计，不仅着眼于主厨的烹饪思想，同时还融合了餐厅所在建筑的历史背景，让人回想起 20 世纪早期，当时熙攘的外滩是上海的工业中心。餐厅还原了原建筑的纯粹美感，注重保留了原有结构及老的施工工艺。

意大利 Mercato 餐厅是上海第一家提供高档意大利“农场时尚”料理的餐厅。迈出电梯，首先映入眼帘的是维多利亚式的石膏板天花，天花上斑驳的岁月痕迹与新增的钢结构相映成趣。沿着墙壁的储物柜，金属移门和钢结构上悬挂着一系列的玻璃吊灯，洋溢着老上海的风情。

接待台上方支离破碎的天花，外露的钢梁和钢结构柱，加上 Logo 背面残缺不全的墙面，这些处理手法均表达了对这栋建筑的敬意。

金属、木材、石膏、混凝土的搭配复杂考究，包房采用了有质感的磨砂玻璃，很有特色。

设计师将餐厅多年来的室内装修全部拆除，还原了原建筑的纯粹美感。外滩三号是上海首个钢筋结构建筑，建筑师回归原始的做法，表达了对这一非凡建筑的敬意。

新增的钢结构与原有充满质感的砖墙、混凝土、石膏板和建筑造型形成鲜明对比。通过新与旧的对比，餐厅的设计不仅叙说着外滩的悠久历史，还从新的高度反映出上海的变迁。

就坐于餐厅边缘的客人体验到的是一番别样的情调，为了把光线引入室内，餐厅的边界是一个中间区域——连接室内与室外，建筑和景观，家庭和都市。石灰粉刷的白墙将其他丰富的材质和色彩隔离在外，餐厅空间的焦点不过是为了展现远处那让人窒息的外滩美景，把城市的天际线引到餐厅里来。

正如餐厅的名字一样，公共用餐区的活跃氛围让人联想到街边的市场，其中心区域的吧台和比萨吧，四周包覆钢丝网、夹丝玻璃和回收木料。吧台上方的空心钢管结构，灵感来自旧时肉店的吊杆。这些钢管和裸露的金属吊杆错落交织在一起，刚好悬挂置物架和灯具。 Mercato 酒吧也为来客精选原创鸡尾酒，都是由最出色的意大利烈酒、最新鲜的水果和香草调制而成。当然，酒吧也备有品种繁多且令人迷醉的意式美酒。

比萨吧里意大利的烧木烤炉照射出温暖的火光，在这里会向客人呈现轻薄比萨——一种无边的新型比萨，拥有恰到好处的焦脆度和精致美味。

用餐区卡座区域的餐桌仿如拆卸开来的沙发，由现场回收的木材固定在金属框架里制作而成。每张宽敞的餐桌皆能将无与伦比的外滩景色尽收眼底，让自己沉浸在一个全方位感官享受的体验里。品尝极鲜的食材所带来的质感，搭配悠扬的音乐交织梦幻的灯光和美酒佳酿，这绝对是一场极致的美食体验。

Mercato 餐厅以简约的设计和低调的姿态，为沪上食客带来耳目一新的美馔体验。轻松惬意的环境、精致美味的佳肴和亲切热情的服务为广大慕名而来的食客们勾勒出一幅最纯正的意式生活画卷。

设计者匠心独运，在有机天然与优雅感性间轻灵流转。从踏入 Mercato 餐厅的那刻起，宾客们就能感受到充盈四周的原生态气息。

餐厅厨师长 Sandy Yoon，曾担任著名餐厅 Spice Market 餐厅的副主厨，立志将新鲜的意式海岸风味食材带到餐厅，也将自己的技艺和创作灵感带到菜肴里。

第八章

西班牙餐饮

西班牙位于欧洲西南部的伊比利亚半岛上，东南面濒临地中海，有着长约7800km 的海岸线。热情奔放的弗拉门戈、狂野激烈的斗牛角逐、以扇子传情的求爱风俗，构成了西班牙这个集浪漫与激情于一身的国度。

阳光、美食和充满乐趣的生活都是西班牙令人神往的理由。宜人的气候、美丽的风光以及鲜明的文化特点形成了西班牙别具情调的生活方式，而美食无疑是西班牙最具吸引力的特色文化之一。

千百年来，罗马人、法国人和意大利人的饮食文化都在西班牙留下了大量的印迹，这些不同的文化和当地饮食融合，对后世的美食风格产生了重大影响。多元文化影响着西班牙的美食，但西班牙人在烹饪上也有一定之规，那就是坚持简单和健康的原则。西方曾有一句话叫“住在法国，行在美国，吃在西班牙”，可见西班牙的美食名不虚传。

（一）

西班牙饮食文化

西班牙是个有悠久历史和灿烂文化的国家，96% 的居民信奉天主教。西班牙人热情、浪漫、奔放、好客、富有幽默感。他们注重生活质量，喜爱聚会、聊天，对夜生活尤为着迷，经常光顾酒吧、咖啡店和饭馆。

西班牙的饮食文化源远流长，如同其国家的文化一样丰富多彩。传统的西班牙烹饪经常使用橄榄油和以猪油为主的动物油脂，并使用由阿拉伯人引进的水果、蔬菜以及从美洲新大陆引进的马铃薯和番茄作为配料，再加上西班牙盛产辣椒、橄榄，这些食材都成为西班牙料理的主要原料。

▲ 马德里皇宫

西班牙人常说，“一个好厨师应该知道，烹调正统西班牙料理的秘诀就是尽量保留材料本身的味道”。因此，西班牙的大厨很少改变食物的原味。

1. 区域美食概况

类别	文化特征	代表菜式
安达卢西亚和埃斯特雷马杜拉地区	该区菜肴色彩丰富，多采用橄榄油、蒜头做配料，秉承了阿拉伯人的烹饪技巧，以油炸形式烹调，特点是清鲜脆嫩、口感酥松，特产有风干火腿、沙丁鱼、三角豆等，代表菜为西班牙冻汤（这是一道以生蔬菜混合为食材并冷食的汤，是西班牙炎热地区夏天常见的凉菜，呈液体状，此汤大多作为正餐食用的前菜）。	 西班牙冻汤

（续表）

类别	文化特征	代表菜式
加泰罗尼亚	加泰罗尼亚位于比利牛斯山地区，邻近法国，烹饪方法与地中海地区接近，多以炖、烩菜肴出名，盛产香肠、奶酪、蒜油和著名的卡瓦气泡酒。	 墨鱼汁饭
加利西亚和莱昂	加利西亚和莱昂位于西班牙西北部，盛产海鲜和三文鱼、藤壶。有别于其他地方菜系，此地菜肴很少使用蒜头和橄榄油，多用猪油。	 醋酿沙丁鱼
拉曼查	拉曼查位于西班牙中部，畜牧业发达，以烤肉为主菜，盛产奶酪、高维苏猪肉肠和被称为“红金”的西班牙番红花。	 西班牙红肠
巴伦西亚	巴伦西亚毗邻地中海，是稻米之乡，盛产蔬菜和水果、海鲜。无论是食品市场还是盘中的美食，再没有什么其他事物能比巴伦西亚美食更新鲜、更有吸引力。该区美食融合了古典与新颖的烹饪方法。	 蒜泥蛋黄酱
里奥哈和阿拉贡	里奥哈和阿拉贡位于比利牛斯山东部，烹饪简单，但特色酱汁和红酒世界驰名。	 里奥哈红酒

2. 西班牙特色美食

名称	文化特征	代表图片
西班牙海鲜饭	海鲜饭是西餐三大名菜之一，与法国蜗牛、意大利面齐名，其口感、营养价值极佳，是非常美味的西班牙菜。海鲜饭的分量很大，通常都是在室外用大型平底锅烹调，并以食用人数多寡来决定锅的大小，锅越大所需的烹调时间越久，而时间越久，饭就会越入味越好吃。	
它帕	它帕是西班牙的开胃菜，也是下酒菜，在西班牙移民的饮食习惯中占有很重要的位置。它帕以咸的食物为主，有冷盘和热盘之分，肉类、海鲜或蔬菜类都有。 对于西班牙人而言，它帕已不仅仅只是一道食物，由于其随意性很强，并没有要求一定要包含什么，所以它象征着西班牙人的热情和对多样生活的追求，代表一种随心所欲、轻松自在的生活方式和态度。	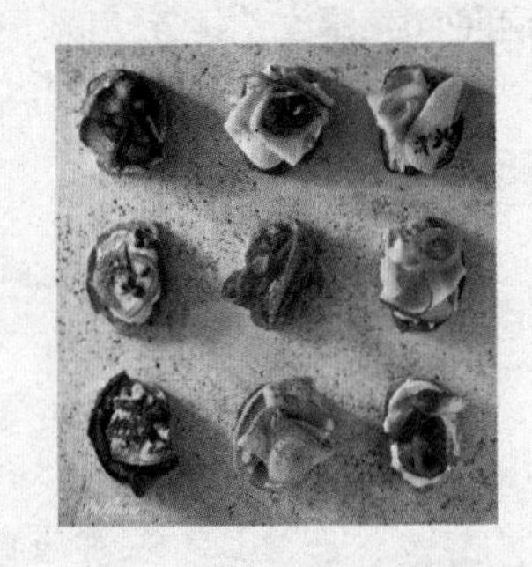
雪莉酒	作为它帕的最佳搭档，雪莉酒曾被莎士比亚称为“装在瓶子里的西班牙阳光”，陈年的雪莉酒就好像历经世事的老人，充满着岁月沉淀的独特滋味。 雪莉酒的酿制有别于一般的葡萄酒，由于其处理方法的不同，致使葡萄糖的变化也相异于其他葡萄酒，因此有一种特殊的风味。雪莉酒在一定程度上充当着西班牙的文化使者，伴随其输出，地中海的历史与传统也被传送到世界的各个角落。	
火腿	西班牙生火腿号称是全世界最好吃的火腿，它象征着高贵，代表了一种健康的时尚。吃西班牙火腿是有讲究的，要用特制长刀将其切成薄片后享用，这样，就算是参差在肌肉间的脂肪，也在入口后马上化开。可见，西班牙火腿已不仅是美食，在一定意义上，它还是一件艺术品，也是这个国家最强烈的象征图腾。	

3. 特色调味料

名称	文化特征	代表图片
大蒜	在西班牙，不论是市场还是餐厅，都可看到大蒜像帘幕般垂挂着，它对每个家庭来说也是不可缺少的食材。	
红椒	辣椒经引进后，在西班牙土壤及气候培植下，产生了新的品种——甜椒，红椒粉更为西班牙的灌肠类食品及其他食物增色不少。	
橄榄	西班牙是世界上数一数二的橄榄生产国，尤其在安达鲁西亚，橄榄树种植更是绵延不绝。	
杏仁	西班牙许多地方都种有杏仁树，炸杏仁和杏仁做的甜食都很常见。	
番红花	番红花以色艳香浓而著称，据说是世界上最昂贵的香料之一，在西班牙烹饪中，番红花主要用于饭、汤、炖制类菜肴和甜点的制作。	
橄榄油	历经数个世纪和不同文化的沉淀，橄榄树的种植充分展现出各个地区西班牙人的个性以及他们的烹调特色。如今，西班牙的橄榄油已经成为世界上数量、质量、种类、出口量和消费量最多的产品。	

（二）

西班牙餐饮的特点

1. 注重配料使用

西班牙菜式烹饪比较注重对配料的使用，善于运用多种原料来制作饭食和各种菜肴。在西班牙烹饪中，以“米”制作的菜肴名目繁多，有时是主料，如烩饭、米饭布丁之类，有时则是作为配料来使用的。

西班牙烹饪讲求清淡——多用橄榄油，尽量少用黄油和奶油；新鲜——尽量使用当地、当季的食物原料来制作菜肴；包容——充分利用世界其他地区的烹饪原料乃至烹调方法；美观——力求使菜肴的外观更具观赏性，像对待艺术创作一样进行菜肴的外观设计。

▲ 西班牙米饭布丁是一道闻名的家庭式甜品，其浓郁甜美的口感透着微微的柠檬酸，冷热皆宜

2. 原料富足，烹饪方法注重保留本味

西班牙具有发达的农、牧、渔业和加工制造业，这一因素使得西班牙烹饪既有充足的“鲜活”原料供应，也有大量加工制品（成品、半成品）选用。常见的加工制品有真空罐装的白芦笋、甜红椒、胡萝卜、玉米、番茄、四季豆，用海鱼制成的油渍罐头等。此外，工业化生产的成品菜肴也有不少，如酿红椒、辣味章鱼、酥炸墨鱼圈、炸鱼块、炸蟹足、烤淡菜、海鲜饭等，这些食品只要稍经加热或处理即可食用。

此外，西班牙海鲜原料无论在品种上还是数量上，都是其他欧洲国家难以比拟的，常见的海鲜原料有鳕鱼、鲈鱼、琵琶鱼、鲔鱼、旗鱼、沙丁鱼、鳟鱼、

▲ 鲜果火腿沙拉

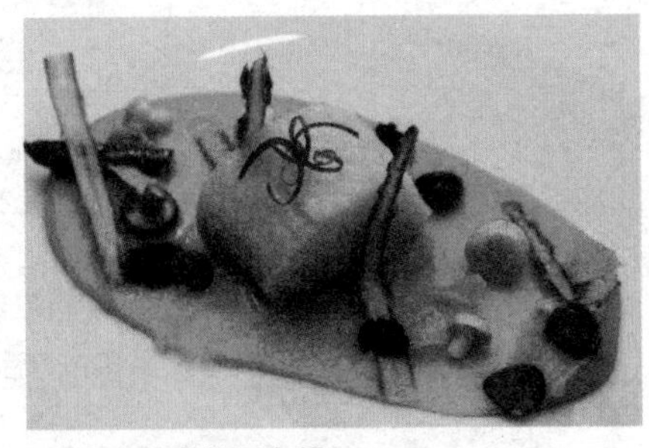

▲ 大西洋香槟鳕鱼排

鲑鱼、鳗鱼、龙虾、螃蟹、对虾、蛤蜊、蚝、扇贝、淡菜等。

西班牙美食制作过程大都简便，绝非偷懒，而是充分尊重食材天然的口味，以尽量保持原料的特有风味为基本原则，烹饪方法与原料之间有较强的针对性。例如为保持海鲜类原料的鲜美滋味，多采用可以快速成熟的简单烹调方法，如煮、氽等。

肉类的烹调以炖、煮、烤为主，其烤肉是一大特色。传统的烤制菜肴以木材为燃料，风味别致。炖制肉类菜肴时，则往往加入蔬菜或者是酱汁先炒后炖。中国人所熟悉的“炒”法，在西班牙烹饪中比较少见。

3. 西班牙菜的地中海风情

西班牙是围绕在地中海周围的南欧国家之一，因为临海，尽享海中美味，新鲜肥美的虾蟹、肥厚的生蚝以及各种贝类、海鱼，每道菜都带着浓烈的海洋味道。而新鲜营养的蔬菜沙拉、冷式拼盘，也是地中海美食的一个重要组成部分。一切都遵循减法的烹饪法则，用最简单、纯粹的食用佐料，尽其所能保留食物本身鲜美的味道，还不破坏营养。

▲ 色彩鲜艳的蔬果

地中海菜式重视季节性和口味纯正，各国美食都充满了健康和时令元素。据说地中海人这种以蔬菜、水果、鱼类、五谷杂粮、豆类和橄榄油为主食的饮食风格，是世界公认最健康的饮食结构，正好符合目前高纤维、高维生素、低脂肪的健康风潮。

健康来自于简单、清淡以及富含营养的饮食和自然随意的烹饪方法。地中海地区人们的味蕾如此幸运，就像他们天生就拥有宜人的气候一样。种类繁多的地中海美食仿佛春天里繁茂的花朵，每一朵都那么迷人。在这些繁茂的花朵中，橄榄油是最浓艳的一枝。虽然毗邻大海，但地中海美食的灵魂不是海鲜，而是橄榄油。地中海文化像是浸染在橄榄油中，经久不息，那一勺或几滴金绿橄榄油，世代烹调出简单却绝妙的清新美味。另外，海鲜（鱼类）、蔬菜、水果、葡萄酒，也是无数花朵中夺人眼球的几枝，得天独厚的气候让它们的品质和口感都无可挑剔，更令人惊喜的是，它们的品种如此丰富，价格却如此低廉。

地中海美食的特点是可以随心所欲地混搭，没有了各式大餐繁文缛节的饮食礼仪，也绝不会有街头小吃的廉价和简陋，那是一种乡土的随意，比如随便拿点火腿烩芹菜、土豆或者豌豆，或者做一个辣味的番茄炒虾，都有令人耳目一新的口感。由于食材新鲜，地中海美食不需要大量的调味料，简单的橄榄油、盐、醋和番茄酱似乎就足够了，不太华丽但也不失精巧，不太细致却也不失慷慨，为了最大限度地体现食材的新鲜和美味，自然不需要太多程序与点缀。

（三）

西班牙餐饮空间氛围的营造手法

1. 整体装饰设计

和法国、意大利一样，西班牙同样以菜式繁多、口味鲜美闻名遐迩，这样的国度自然也不乏各式特色餐厅的诞生。餐厅虽没有无限宽广的豁然，却洋溢着浓浓的地中海风情。走进餐厅，仿佛感受到了热情的海洋气息，绚丽的色彩、特色的挂件、各类点缀图案，都是西班牙餐厅内经常可以看到的。

西班牙装饰设计的发展既有与其他欧洲国家相似的特点，也具有自身特色。与欧洲现代主义设计思想影响下的大部分国家和地区的设计相比，西班牙设计充满着感性和艺术气质。在满足基本使用功能的同时，更具有观赏性。在西班牙设计者的设计中，已经摆脱了西方功能主义设计带来的冷漠、呆板、缺乏人情味的气质。其实，“赋予设计以情怀”才是西班牙设计的最大特质。

（1）红瓦、庭院与拱门的建筑符号

西班牙建筑的外观富有立体感和个性感，屋顶多为红瓷瓦铺设，门廊和窗多呈拱形，屋檐朝两侧外伸，户内有庭院。与传统的欧式、美式风格的宽敞大气不同，西班牙风格更注重细节的精雕细刻。

造型上不乏拱、洞之类的亮点，使西班牙建筑的外形显得简洁阳光、富有灵气，它们特别注重光线与阴影的交织，能够产生特别的互动和层次。

▲ 红瓦和庭院

▲ 拱门

（2）浅色调墙面

西班牙风格的最大特点是在建筑中融入了阳光和活力，采取更为质朴、温暖的色彩，使建筑外立面色调明快，既醒目又不过分张扬；采用柔和的特殊涂料，不产生反射光，不会晃眼，给人以踏实的感觉。色彩主要以白色、蓝色、黄色、绿色、土黄色及红褐色为主，这些都是来自于大自然最纯朴的元素。

▲ 明快的色调

（3）彩色玻璃拼花窗

在西班牙风格的建筑内部，比较常见彩色玻璃拼花窗的身影。花窗图案可能是某一具体人物，也可能是几何图案。图案一般来自圣经故事、圣徒神迹、地方保护神传说、文学与历史故事等。

▲ 西班牙圣家堂

▲ 彩色玻璃窗的倒影

（4）西班牙瓷砖

西班牙的瓷砖文化源远流长，生产历史悠久，可追溯到公元 12 世纪，并以卓越超群的质量、可与钻石媲美的坚硬程度闻名于世。西班牙瓷砖给人另类、前卫的感觉，同时也让人领略到异国的文化风情。它在新古典主义、装饰主义和个人主义的风格上，将色彩、装饰性、哲学内涵交融其中，突破原有的观念和方式，寻找出理性与感性的交融与契合，无论是工艺、款式还是风格，都让人有种耳目一新的感觉。

▲ 不同空间的瓷砖运用

（5）与阳光、绿植、鲜花的完美呼应

西班牙文化是多民族传承而来，阳光、鲜花、绿叶陪衬下的建筑，具有很多独特的元素符号。取材比较质朴，色彩明快，以略带古典的西班牙式标志短墙为主题、环形植栽为背景、树荫下点缀石制花钵为呼应，共同构成一幅西班牙风情长卷。颇具地中海特色的灰泥白墙、屋顶的筒状烟囱、拱形透光窗、层层台阶，每一样都散发着西班牙风格的独特个性。

▲ 空间局部

▲ 花草映衬的空间

▲ 规律性、律动感的材质

（6）材质的几何布局

西班牙空间设计采用的材料一般都比较质朴，注重视觉感和生态性，处处考虑使用者的体验。手工感是西班牙风格的典型特征，从室内到室外，从地形处理到铁艺、廊架及景墙施工工艺，每一处细节都精雕细琢。木制、铁艺等材质在西班牙建筑中大量使用，并且常以规律性的几何图案布局重复组合，使原本陈旧的造型增强了律动感。

2. 软装配饰

（1）家具

西班牙家具最大的特色在于对雕刻技能的运用，家具雕刻深受哥特式建筑的影响，火焰式哥特花格多以浮雕方式出现在家具中。

传统西班牙家具的外形轮廓基本是直线，只有座椅有些曲线，其外形的简朴与当时的西班牙住所相一致，在柜类上常见奇特的动物形象、螺旋状圆柱等代表元素。循着长辈艺术家的脚印，在接受了现代简约特性的洗礼后，细节处理上更为注重舒适度，不像古典家具那么严实无缝、细腻奢华，其漂亮程度让人觉得即使经年累月地摆在家中也不会过时。

▲ 传统西班牙家具

（2）自然奔放的色彩

西班牙风格具有强烈的地中海特性，热情洋溢、自由奔放、颜色绚丽，没有太多的窍门，只是保持简单的理念，捕捉光线、取材于天然，大胆而自在地运用颜色、造型。相对于传统地中海风格，西班牙风格显得更为神秘、内敛、沉稳和厚重一些，颜色也更古拙。

西班牙风格的形成与其多元的文化有着明显的关联性，基督文化和回教文化的碰撞更给西班牙艺术带上了奇特的颜色，并且西班牙民族天生就有一种热情奔放和狂野的特质，充满了丰富的想象力和浪漫情怀。墙壁可以不需要精心粉刷，让它自然呈现一些凹凸和粗糙之感，使建筑外立面色调明快，既醒目又不过分张扬。

（3）布艺

西班牙风格的布艺常以织锦和夹着金丝的缎织布品为主，以展现贵族般的华贵气质；又或者以极鲜明或极冷调的单色布料来彰显家具本身的个性。布艺往往能为室内点睛，能很好地诠释使用者的喜好和品位，所以在空间中的地位已经大幅提升，不再是配角。

（4）装饰物

西班牙空间设计采用的装饰物一般都给人斑驳的、手工的、比较陈旧的感觉，但却有非常亲和的视觉感和生态性，像陶瓦、铁艺配件、泥土烧制的壁饰，这些西班牙符号的抽象化利用都能体现出手工打造的质感。

镶嵌在门上和墙内的铸铁，它们的运用都是受了西班牙建筑风格的影响。油亮的古旧青铜器和西班牙式厨房很搭，这种用法在水龙头和其他五金件上都有所体现。

◀ 亲和感十足的装饰品

◆斗牛文化

斗牛是西班牙特有的古老传统，在每年的3—10月就是西班牙的斗牛盛季。在斗牛季节里，逢周四和周日会各举行两场，如逢节日和国家庆典，则天天都可观赏。斗牛的场面壮观，格斗惊心动魄，富有强烈的刺激性。千百年来，这种人牛之战吸引着世界各地的人们，更是现代西班牙旅游业的最重要项目。在西班牙人的心目中，斗牛士是最值得崇拜的英雄。

▲ 斗牛场景

西班牙软装风格在室内的色彩运用上延续了斗牛场上的明艳色调，用鲜明的色彩来实现室内气氛的活跃感。实际上，室内软装设计师就是把这种斗牛文化浓缩其中，让喜爱这种运动、具有这种激情的人们时刻感受这种独特的民族文化。

（5）裙摆式烟道

西班牙风格流行拱形和滚轴，以曲线著称，因此裙摆式的烟道也就不足为奇了。

◀ 壁炉上方的裙摆式烟道

◆皇室奢华文化

在西班牙首都马德里西部的一个山岗上，有一座保存完整的精美宫殿——西班牙皇宫，它是世界上保存最完整而且最精美的宫殿之一。西班牙许多重要的外交和国事活动都会在这里进行。

西班牙皇宫始建于18世纪中叶，其豪华瑰丽的程度在欧洲各国皇宫中堪称数一数二。宫内使用了大量华丽的装饰物，藏有无数的金银器皿和绘画、瓷器、皮货、壁毯、乐器以及其他皇室用品。带花纹雕刻的镀金家具和天鹅绒挂毯刺绣均为手工制作，内部的壁画和艺术装饰也都出自名家之手，皇家工厂制造的巨大玻璃镜和无色水晶灯均成为西班牙宫室的重要收藏。由于皇室文化对西班牙人的审美影响深远，故一直备受当政君权的保护，其内墙上的刺绣壁画及天花板的绘画也经常维修，到现在仍保存得相当完好。

对于西班牙人来说，高雅的宫廷生活令人神往不已，要打造西班牙高雅宫廷生活，那么每一件家具都必须恪守皇家品质。在软装设计中，除手工制作外，材料的选择、图案的运用都相当重要，只有将民族的元素与精湛的技艺融在一起，充满贵族气息并富有宫廷气质的典型西班牙软装风格才能展现无遗。

案例解析

项目名称 **上海 How Fun 餐厅**

设计师 直学设计团队

直学设计团队的设计特质

- 对工业设计的浓厚兴趣，将其跨领域、跨国际的美学素养一并应用在空间整体设计中；注重直白、简单、回归本质，设计回归到使用者的需求及品牌精神之中，作品创新多变但手法却经典而直白。
- 注重以人为本的机能性、弹性与生活感，并且坚持环保、耐用、高品质。

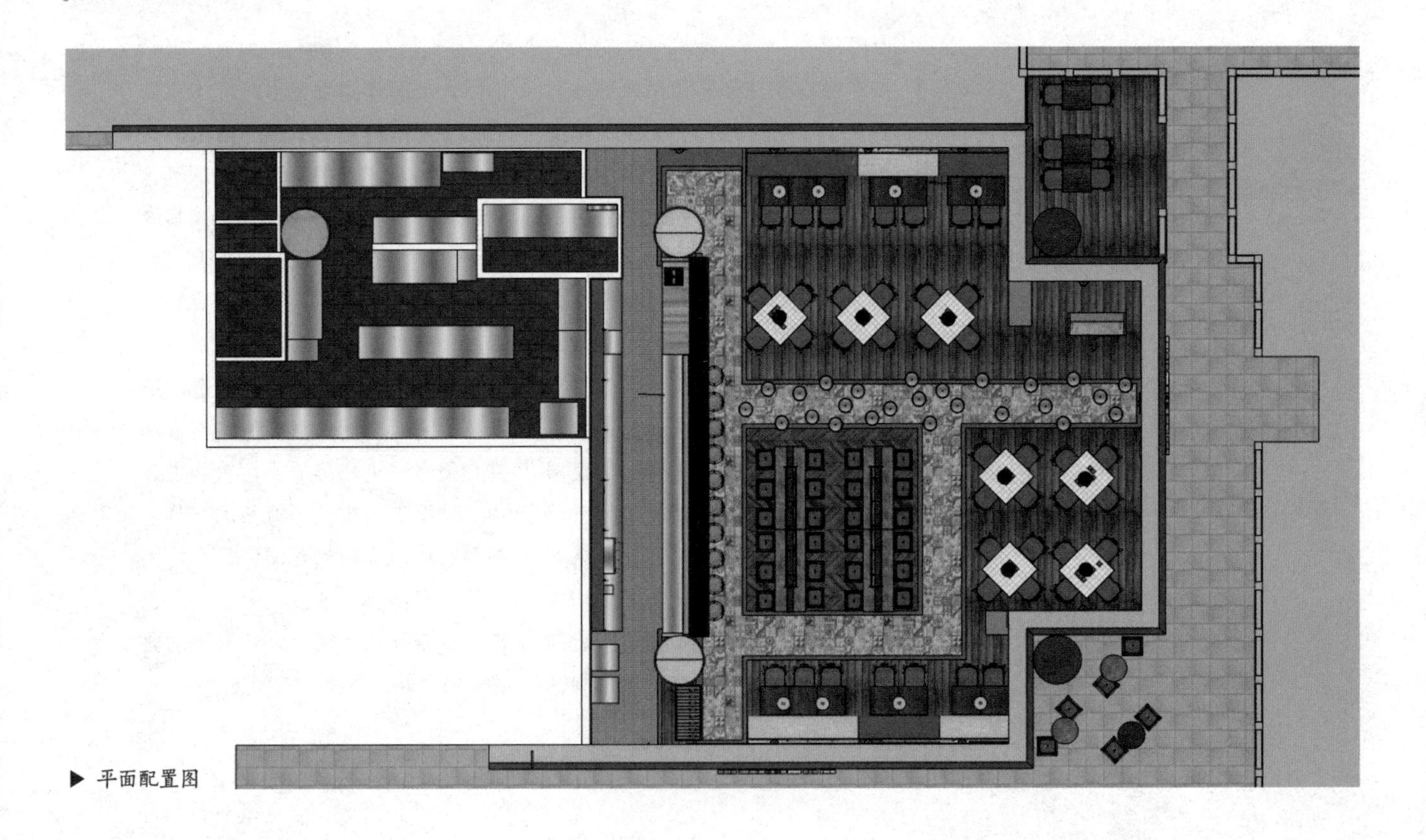

▶ 平面配置图

“How Fun 食堂”是一家贩售西班牙风味料理的特色餐厅，年轻的餐厅业主希望餐厅呈现的风格是轻松、愉快、不严肃的用餐气氛，因此设计原则是以各种能展现西班牙特色的物件来带出主题，并以生动活泼的色彩、童趣的元素给用餐者欢乐的情绪感受，希望给客人留下深刻的印象，并成为聚餐的首选。

所有的元素都是围绕西班牙特色来展开，西班牙人热情、奔放，所以色调采取了彩色工业风，在颜色上可以体现出轻松愉快的感受。

入口实木贴皮的大门喷漆上“V”字斜纹鲜艳色块，搭配锅具造型把手，使客人在进入餐厅前就能感受到西班牙的格调。

餐厅地面使用西班牙元素为主的花砖，沿着大堂铺陈一圈，地中海的风情展现无遗。

Cincinnati
WHERE

餐厅内一共有 12 种不同的 Paella（西班牙式平底锅），灯具也是呈 Paella 造型的，高脚座的区域挂有很多 Paella 做的装饰，浓郁的彩色工业风，塑造出以 Paella 为主题的一个餐厅。

挑高的空间让餐厅视野较为宽阔，进入餐厅，天花上海鲜饭锅似的灯具高低错落铺满，延续外观带来的视觉印象。

特色花砖因应业主期望，在空间规划上以缤纷多彩的方式呈现，使用了西班牙锅具、鲜明黄红色彩来呼应西班牙热情奔放的民族特性，材质上运用西班牙进口花砖、瓷砖、木皮喷漆搭配，以其纹路特性凝聚出餐厅主题。

地面铺设橘色系的西班牙特色花砖，搭配桃红色马赛克收边，四周则铺设较为低调的深咖啡木制地板，凸显中央花砖的特色。

整体设计以铁件作为主要材料，两侧墙面的黄色铁弯管搭配挂板，吧台背墙铁架的桃红及黄色背板后方透出渐层亮光，与铁架正面直列的灯泡对比，让光线有两种层次。旁侧的酒柜搭配花砖的几何形状，取三角形造型设计层架，呼应整体空间风格。色彩上取西班牙国旗的黄色与红色进行微调，改为明黄及桃红，并在沙发及墙面分割几何形上大量使用这些色彩营造气氛。

吧台墙上面的细节，是很有童趣的“积木”设计，拼凑起来就是 “WHERE IS THE FUN ? ”用菜品、服务和装修细节来体现餐厅“fun”的亮点在哪里。桌上堆放的小积木，也是和吧台相关的连接，可以让客人在等人或者大家无聊的时候玩一玩，就像魔方一样。

餐厅的酒吧比较像一个餐吧，酒吧的元素当之无愧是西班牙的一个典型风俗文化。在西班牙，大家习惯从下午就开始喝酒，所以在西班牙餐厅，酒是必需品。

以西班牙锅具改造的灯具及椅子，互相搭配出略为粗犷的工业风，高脚餐桌上方吊挂装饰性的锅具，成为空间中的视觉中心。

餐厅的定位主要设定为 25~38 岁的白领女性，设计师针对这些消费群体，在软装部分营造出轻松愉快的氛围，细节上用白瓷砖和红瓷砖做搭配，餐桌上可以看到 “H”、“O”、“W”等红色的字母图案，拼起来就是 How Fun 的餐厅品牌。

第九章

家庭菜系 DIY

（一）

菜肴制作

▲ 主厨——简名敏夫妇

步骤一：准备前菜食材、餐具

步骤三：准备肉丸食材

步骤二：准备主菜食材、餐具

步骤四：准备甜点食材

成品展示——前菜

成品展示——主菜 + 肉丸

成品展示——甜品

(二)

花艺装饰

步骤一：玫瑰捆绑花束 + 小花器，展现美观、圆融的姿态

步骤二：丈量烛台与桌面距离，使桌面平衡，使用方便

步骤三：桌面深度影响餐具摆放

步骤四：将蜡烛底座预热，可方便固定烛台

步骤五：布置烛台

步骤七：加上主题性餐巾、餐具

步骤六：把完成的花束和烛台在西式餐桌上等距摆放，高度以不超出对座客人视线为宜

步骤八：单套完成品

（三）

主题餐桌布置

周边空间环境

主厨设计围裙

步骤一：多余花瓣置于器皿

步骤二：花瓣也可用于装饰餐桌

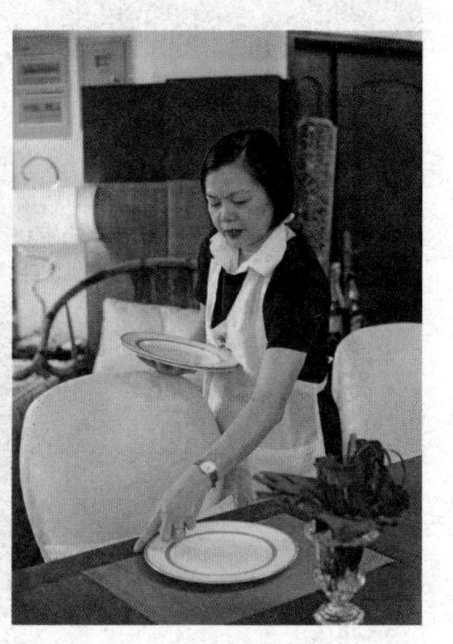

步骤三：花艺布置完成后的餐桌摆放

步骤四：主厨做更精确位置确认及示范

甜点

用餐前的小食茶点

步骤五：餐桌完成时的场景

用餐氛围主客分享

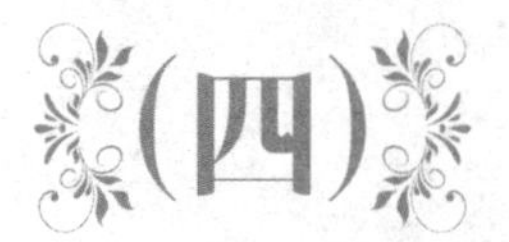

儿童餐桌布置

首先，孩子们需要一个可以整晚玩耍的舒适场所，因此可用细绳将堆叠在一起的靠枕绑在一起，做出许多柔软的坐具，然后将它们放在低矮的儿童“餐桌”（由两个长凳拼接而成）周围。

有什么秘密能让孩子们整晚都很快乐呢？我们需要制定一些计划，在计划每道食物时，都准备一个活动。试着根据计划提供的食物给孩子们准备同样数量的活动，这样每次大人开始新的环节时，孩子们同样也可以有新的活动。

餐前活动：把画在灰色纸袋上的图案剪接成化装舞会面具，可将缠在餐具、笔和剪刀上的松紧带用作系在头上的带子。想要节省时间吗？可以提前下载一些可以打印的动物面具。

餐间活动：杯垫其实就是珠板，在一些碗里放上珠子，孩子们随时准备要创作美丽的图案（或是乱七八糟的美丽图案）了。

甜点制作：用一些细绳将甜点串成项链，或是吃掉（可能两者都有。）

餐后活动：聚餐完毕，甜点也吃完了，所有人都可以聚在一起娱乐了，儿童餐桌旁就是不错的选择！

(五)

小礼物制作

要做一个“面面俱到的主人”并非易事，而聚会小礼品就是需要考虑的事情，不过下面推荐的 5 种小礼品创意既表达了“感谢光临”，又不用费钱费力。

谁会不喜欢收到花呢？尤其是那些喜欢花又不愿花精力养花的人。编制花环（使用缎带一次缠绕 2~3 朵人造花）来装饰餐桌或是在朋友到来时送给他们。

使用珠子制成的、别致的“感谢词”杯子，这种礼品适合送给那些可以用首字母称呼的朋友。

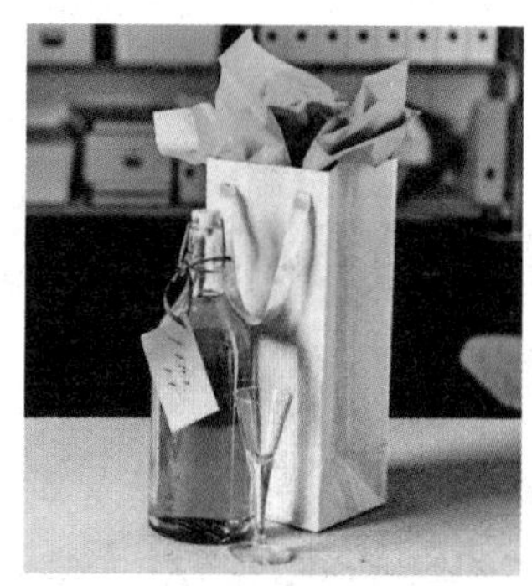

在庆祝的时候，用各自的开胃酒杯和装满特殊物品的瓶子，为友谊干杯（现在喝或过一会再喝）。

对于那些刚认识不久的朋友，可以把蛋壳中的幼苗送给他们，见证你们友谊（这盆小植物）的成长。

用自己亲手制作的DIY幸运“饼干”（这并不是真正的饼干，千万不要吃）送给那些你了解他们胜过了解自己的朋友。

（六）

工作日的西式便捷晚餐

周一

用米饭、鸡肉和一些美味小菜打造摩洛哥风味美食，要是有小面包干，谁还需要用盘子？每个人都可以把自己喜欢的菜肴填充到小面包干中。

周二

准备一盆蔬菜或肉，然后摆开所有的填充食物，比如放在碗和罐子中的手撕猪肉、洋葱、辣椒、生菜、辣椒酱和卷心菜，用来填充玉米面包，打造美味的墨西哥玉米饼。

周三

今天锅也该休息下了，让华夫饼机大显身手吧。做一些面糊烤制华夫饼，上面放上三文鱼等美味食物作为夹层，或者搭配浆果和酸奶，定会让你胃口大开。

周四

烤芝士片是今天唯一的烹饪步骤，然后用番茄、奶酪、甜菜、牛油果和许多绿色蔬菜做一道美味沙拉，再搭配一些现烤面包，便捷的晚餐就大功告成了。

周五

周五晚上应该尽情放松，不妨动手做寿司款待一下自己吧。煮点米饭，切一点三文鱼片，再切一些浇头，比如牛油果、黄瓜等，搭配足量芥末酱和生姜片备用，然后把每样食材都放一点到竹制餐垫上，卷起来打造你的寿司杰作。

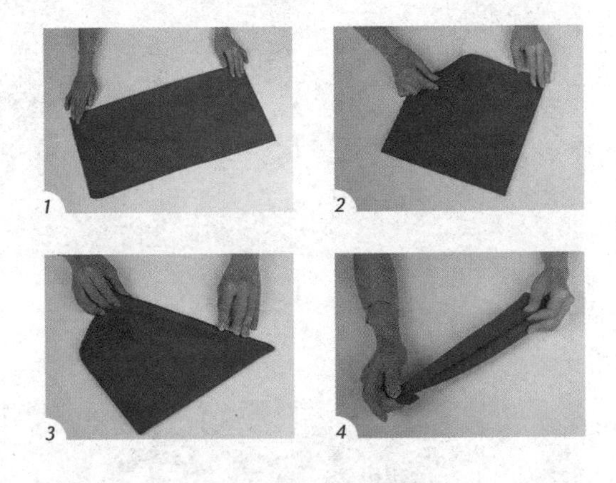

鹤

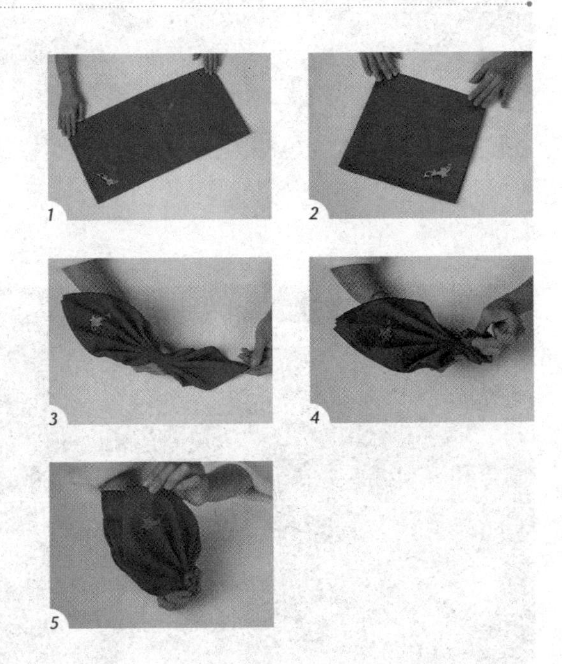

孔雀

大雁

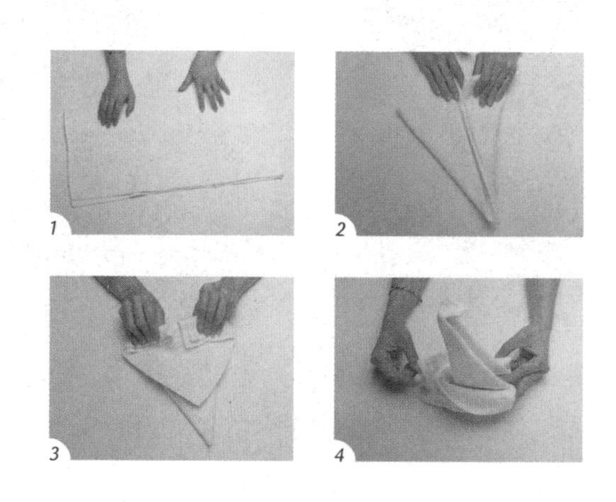

天堂鸟

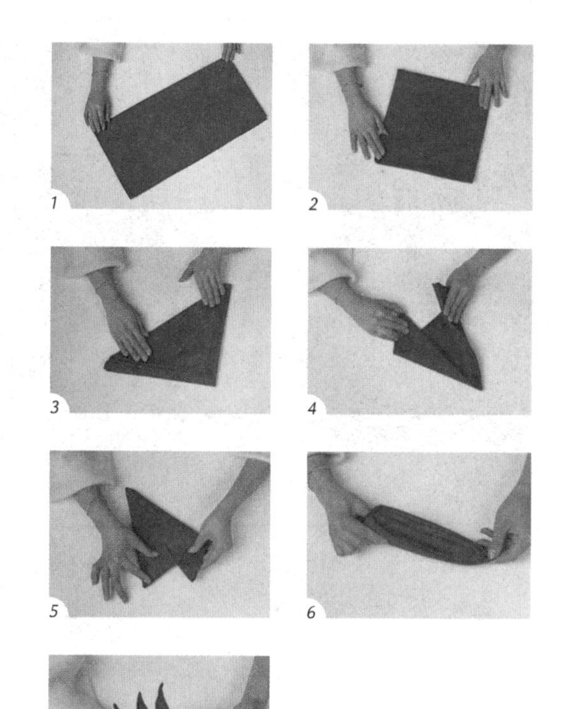

白鸽

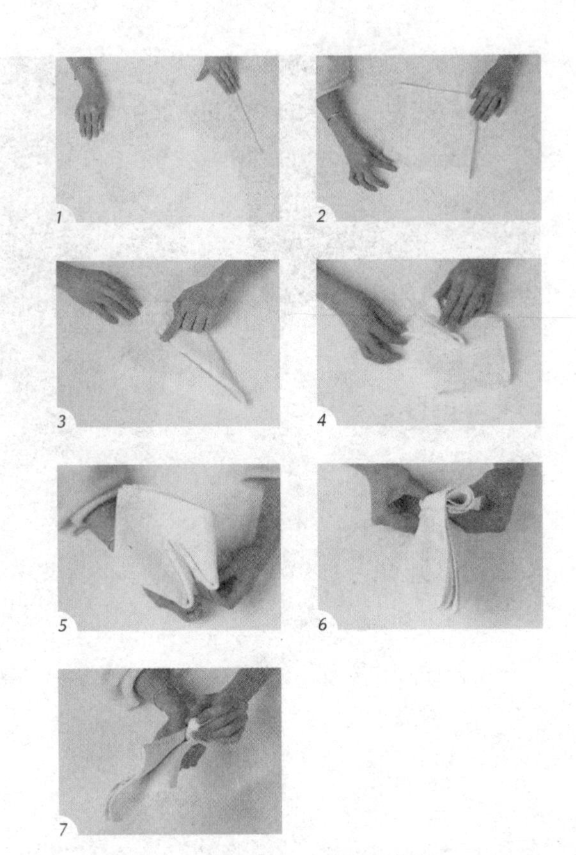

千层塔

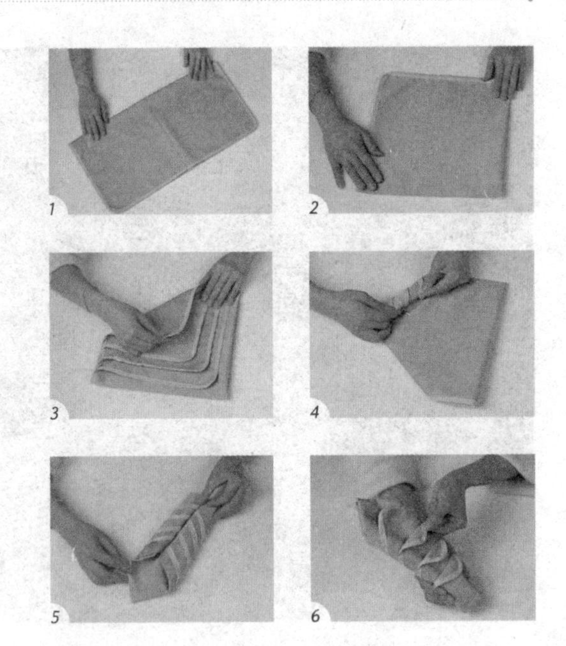

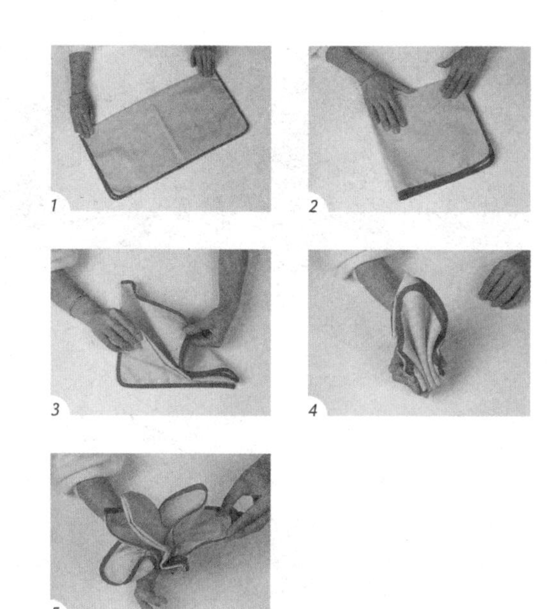

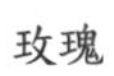

玫瑰

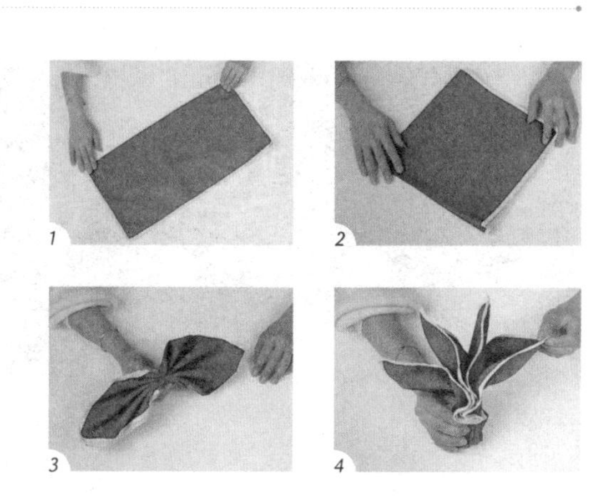

兰

帆船

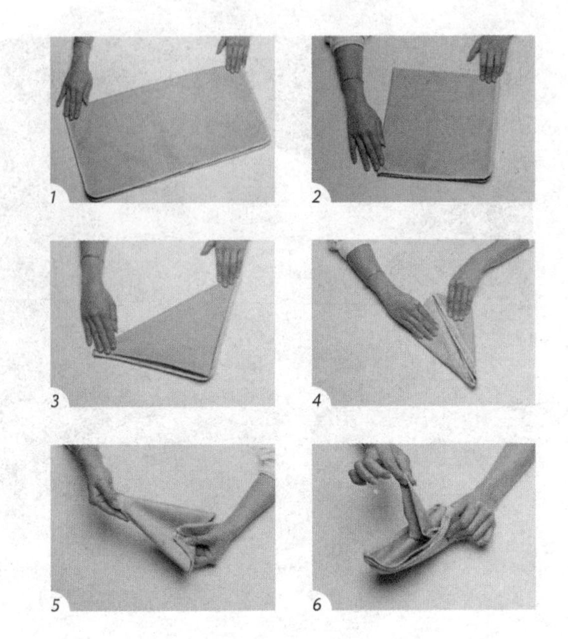

双子星

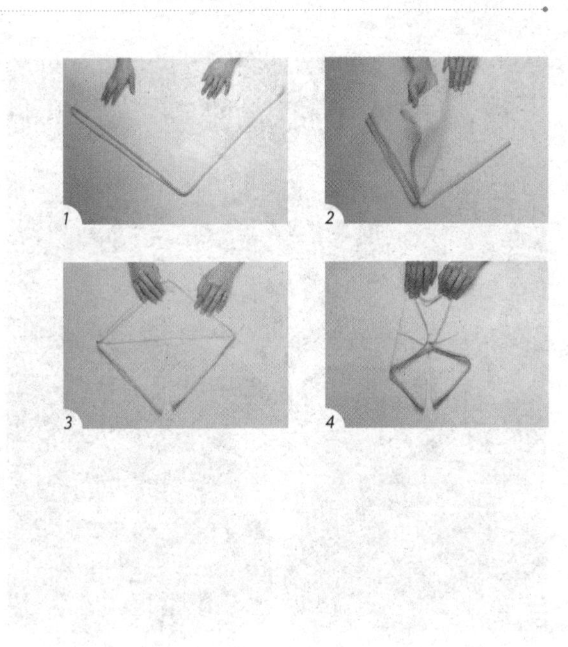

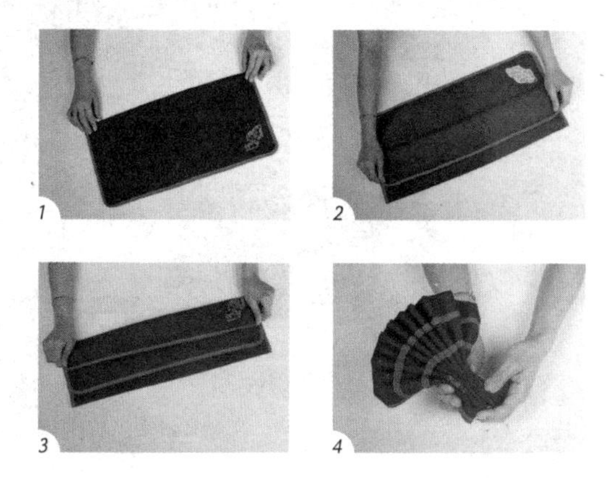

扇

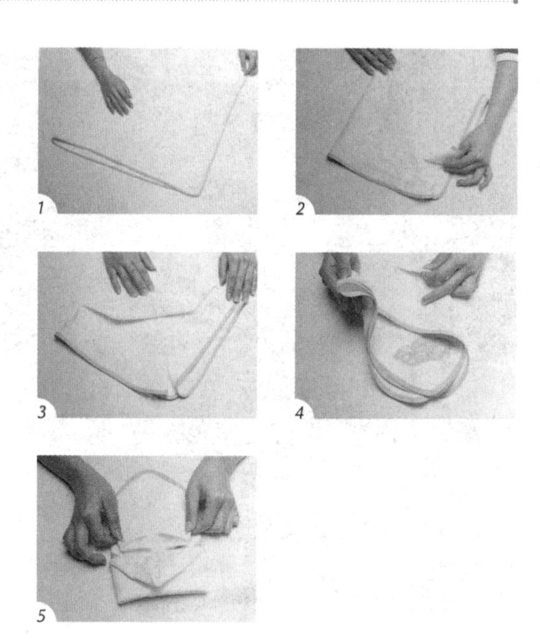

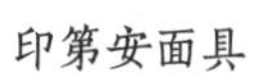

印第安面具

铜像

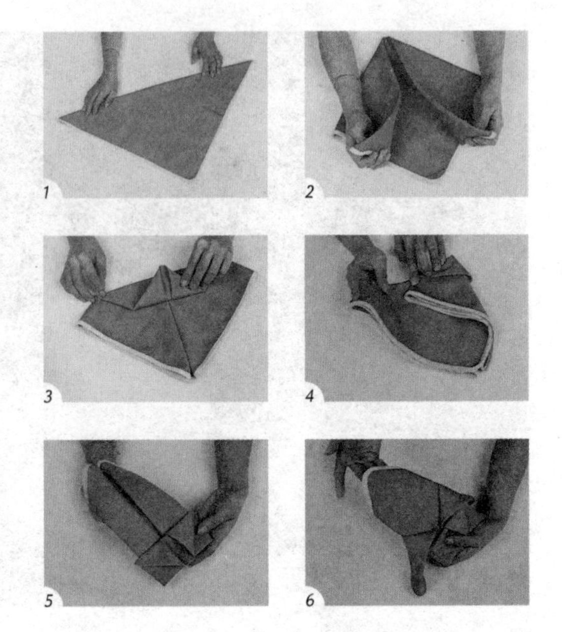

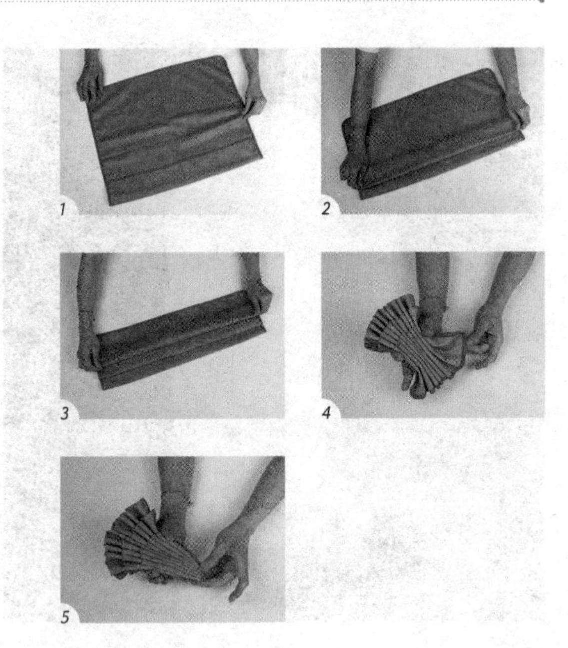

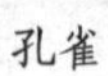
孔雀

酒瓶的包装

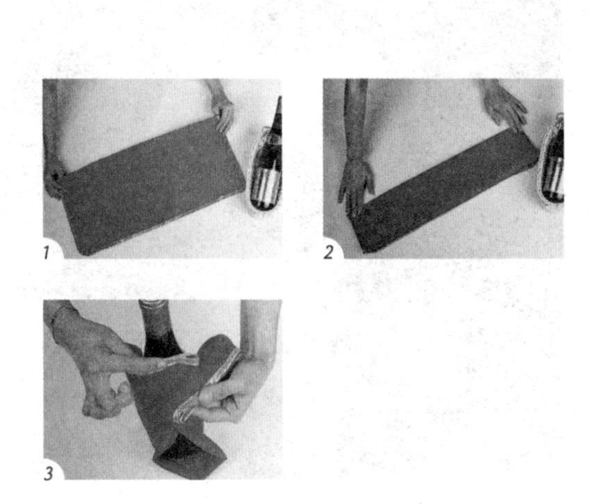

酒瓶的包装

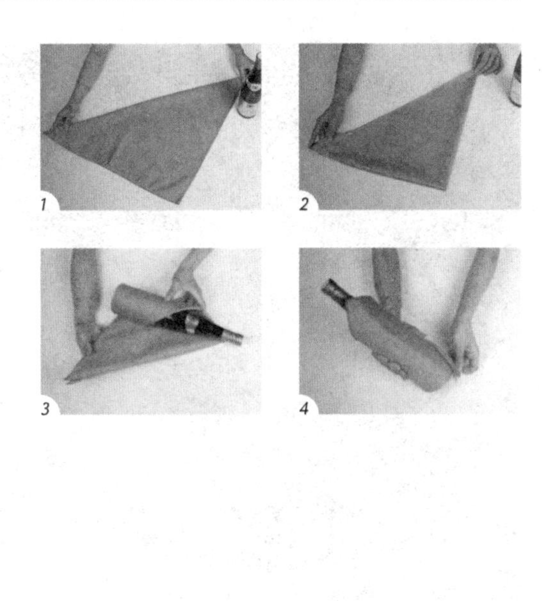

酒瓶的包装

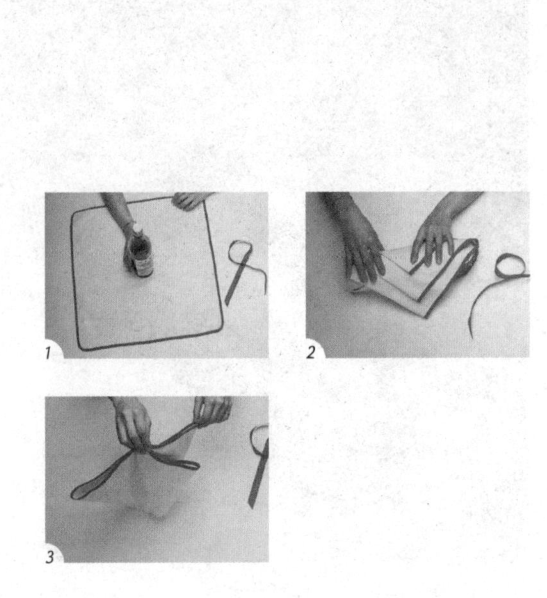

西餐餐具的包装

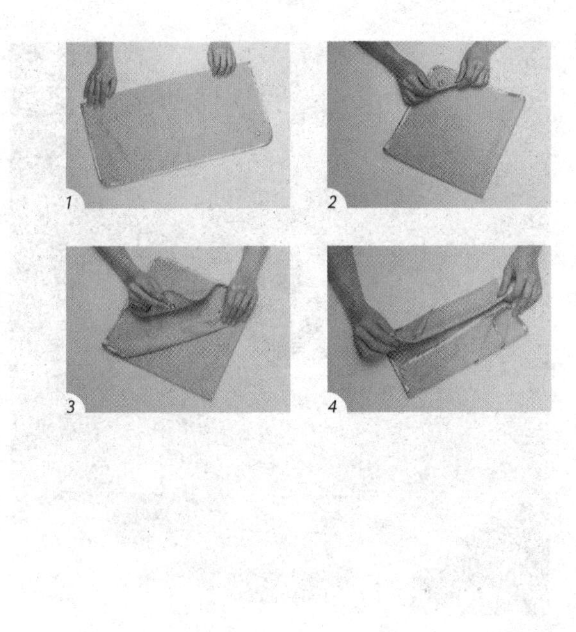

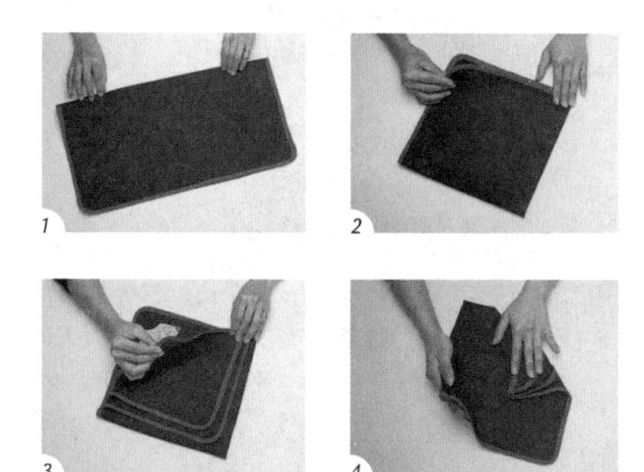

西餐餐具的包装

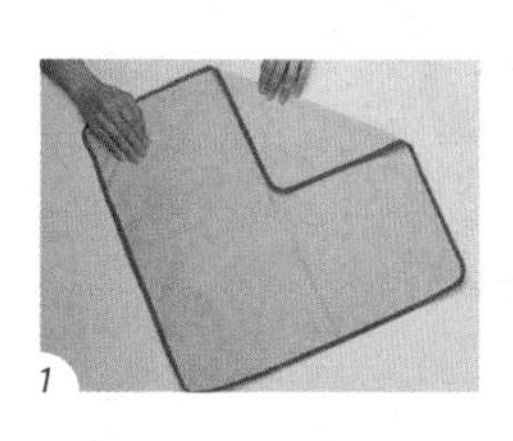

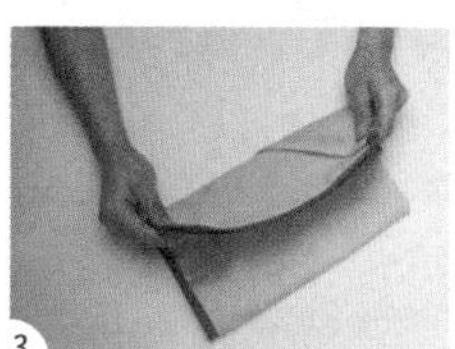

西餐餐具的包装

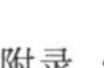

附录 B　香料的保存和使用方法

序号	香料类别	保存和使用方法	代表图片
1	尚未处理的香料	如肉豆蔻、小豆蔻、桂皮等，它们的新鲜度和风味与粉状香料相比能保持得更长久。 香料在使用时再磨碎，能释放出更加浓郁的香气。	
2	香草	要让香草保存得更加长久，同时不失去原有的香气，需要把它们风干。把香草扎成捆，倒挂在温暖、干燥的地方即可。 香料不喜潮湿，所以需要用密封瓶将它们保存在密封、干燥的环境里。	
3	含水量较高的香草和香料	如辣椒、香茅和青柠叶，最好保存在冰箱里。	
4	洋葱和大蒜	球茎香料最好储存在阴暗的地方，确保它们远离高温和潮湿的环境。	
5	欧芹、迷迭香和百里香	在做汤、炖菜和烹制咖喱菜肴时，用烹饪专用绳把此类香草扎成捆，扔进锅里。	
6	香料粉	研磨之前加热香草，能够使之将所含油分尽可能释放出来。此外，还可以将香料粉放进少量的油中煎制，这样也能让它们散发出更浓郁的香气。	

附录C 自助餐文化

各取所需、自行取用的自助餐不仅用来款待人数较多的来宾，而且还可以较好地处理众口难调的饮食问题。相传这种将烹制好的冷热菜肴及点心陈列在餐厅的长条桌上，并进行自我服务的就餐方式是海盗最先开始采用的。

海盗们性格粗野，放荡不羁，以至于讨厌用餐时的繁文缛节，只求餐馆将他们所需要的各种饭菜、酒水用盛器盛好，集中在餐桌上，然后由他们肆无忌惮地畅饮豪吃，吃完不够再加。这种特殊的就餐形式，起初被人们视为是不文明的现象，但久而久之，人们觉得这种方式也有许多好处，对顾客来说，用餐时不受任何约束，随心所欲，想吃什么菜就取什么菜，吃多少取多少；对酒店经营者来说，由于省去了顾客的桌前服务，自然就省去了许多人力，为企业降低了用人成本。

自助餐是一种现代都市人较为喜欢的集体行为，可省略点菜的麻烦、配菜的心思，还有礼让的虚套，更重要的是“合算”，出一个合适的价钱，在最短时间和有限空间内可尝尽各式美食。因此，这种自助用餐方式很快在欧美各国流行开来，并且随着人们对美食的不断追求，形式也由餐前冷食、早餐逐渐发展成为午餐或正餐；由便餐发展到各种主题自助餐，如情人节自助餐、圣诞节自助餐、周末家庭自助餐、庆典自助餐、婚礼自助餐、美食节自助餐等；按供应方式，由传统的菜桌取食发展到客前现场烹制、现烹现食，甚至还发展为由顾客自带食物原料的“自制式”自助餐，真可谓五花八门，丰富多彩。

随着西餐传到中国，自助餐的就餐方式也随之进入我国，这种就餐方式最早出现在20世纪30年代外国人在中国开的大饭店里，而真正与老百姓相接触，则是80年代后期的事情。自助餐以其形式多样、菜式丰富、营养全面、价格低廉、用餐简便而深受消费者喜爱，尤其受青年、儿童的青睐。它不排席位，也不安排统一的菜单，把能提供的全部主食、菜肴、酒水、甜品、水果等陈列在一起，根据用餐者的个人爱好，自己选择、加工和享用。比较科学的自助餐就餐顺序是“小碗汤—蔬菜—米面类—鱼虾类—肉禽类—半小时后水果”。

这种就餐方式，既可以节省费用，礼仪讲究也不多，宾、主都方便。用餐的时候每个人都可以自由活动、随意交际。在举行大型活动、招待为数众多的来宾时，常常采用。

附录D　香料集合表

名称	起源历史	作用与功效	代表图片
辣椒	辣椒原产于拉丁美洲热带地区，原产国是墨西哥。15世纪末，哥伦布发现美洲之后把辣椒带回欧洲，并由此传播到世界其他地方，于明代传入中国。	辣椒的生命力很强，无论在寒带或热带栽种，都能立即适应当地气候而迅速繁衍，品种丰富。辣椒之所以会辣，是因为其含有“辣椒辛味素”的成分，这种成分大都分布在辣椒皮中，所以即使刻意去掉辣椒籽，也不能因此减少辛辣的程度。“辣椒辛味素”除了辣味之外，还有杀菌、去霉的功效，十分实用。此外，新鲜的辣椒既是食物，也是调味料，富含维生素C，不但能促进排汗，还可帮助糖类等碳水化合物的代谢。	 辣椒粉 红辣椒　青辣椒
甘椒	甘椒又称多香果，味道像丁香、桂皮和玉果合起来的味道，只生长在中南美洲和西印度群岛一带。1655年，英国占领牙买加时，试图将甘椒带到其他热带地方试种，但始终没有成功。现在主要产地还是在牙买加，生产量占全球2/3。	甘椒具有南美太阳、土地孕育出的独特香气，有怡人的芳香，既可用在主菜中也可用在甜点中，常被用在肉类、番茄沙司、腌菜、馅饼、蛋糕、饼干、开胃菜等菜式中。很多需要长时间烹饪的菜式在加了甘椒后，味道更显浓郁、温和。	 甘椒　甘椒粉
大蒜	大蒜原产于欧洲南部和中亚，汉代由张骞从西域引入中国陕西关中地区，后遍及全国。中国是世界上大蒜栽培面积和产量最多的国家之一。	蒜氨酸是大蒜独具的成分，当它进入血液时便成为大蒜素，这种大蒜素即使稀释10万倍仍能在瞬间杀死伤寒杆菌、痢疾杆菌、流感病毒等。大蒜素与维生素B1结合可产生蒜硫胺素，具有消除疲劳、增强体力的奇效。	 大蒜片（湿）  大蒜片（干）  大蒜
胡椒	胡椒是原产于印度的一种藤本植物，攀生在树木或桩架上。它又名古月、黑川、白川，只能生长在年降水量充沛的热带地区。印度尼西亚、印度、马来西亚、斯里兰卡以及巴西等是胡椒的主要出口国。	胡椒气味芳香，有刺激性及强烈的辛辣味，黑胡椒比白胡椒味浓。胡椒种植历史悠久，不仅是一种调味品，还是一味中草药。胡椒性温热，对胃寒所致的胃腹冷痛有很好的缓解作用，并可治疗风寒感冒。	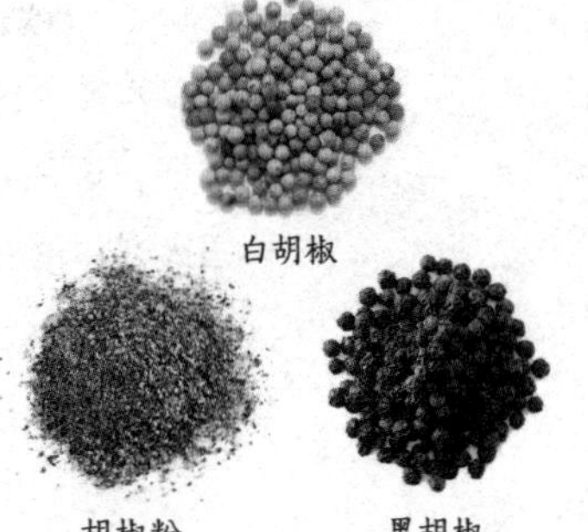 白胡椒 胡椒粉　黑胡椒

名称	起源历史	作用与功效	代表图片
罗勒	罗勒为药食两用芳香植物，味似茴香，全株小巧，叶色翠绿，花色鲜艳，芳香四溢。原生于亚洲热带地区，在热和干燥的环境下生长得最好。其具有强大、刺激、香的气味，植株稍加修剪即成美丽的盆景，可盆栽观赏。	罗勒有疏风行气、化湿消食、活血、解毒之功能。精油具有稳定、镇静的功效，加在茶里可缓解偏头痛、安定神经，具有很强的杀菌效果，对咳嗽及鼻塞也相当有效。	 罗勒  罗勒粉
芫荽	芫荽又名香菜，原产于地中海沿岸地区及西欧。公元前1500年的医学盛典、梵文经书，甚至《圣经》都有关于芫荽的烹调方法和药效的记载。古希腊时代的医学之父——希波克拉底斯，开始将芫荽作为药用后，才迅速地在欧洲传播开来。芫荽也是最早传入美国的香料之一，西汉时由张骞从西域带回中国。	芫荽是人们熟悉的提味蔬菜，状似芹，叶小且嫩，茎纤细，味郁香，多用于做凉拌菜佐料，或烫料、面类菜中提味使用。	 芫荽  芫荽末
鼠尾草	鼠尾草原产于欧洲南部与地中海沿岸地区，17世纪时，由荷兰商人带入中国。鼠尾草自古即为药用植物，直到近年才开始被当作香料使用。新鲜或干燥的鼠尾草叶片皆宜食用。新鲜叶片为绿色，干燥叶片有时会有白色状像发霉的东西，但这表示品质良好，毋需担心。	鼠尾草的香味浓烈，带点苦涩，可细切加在料理中，也可用橄榄油腌渍成香料油或制成鼠尾草奶油。新鲜的叶子加在油炸料理上，十分可口美味。鼠尾草有多种不同的用途与功效，它常常栽培来作为厨房用的香草或医疗用的药草，在南欧，有时候也会种植一些和鼠尾草类似的植物，来作为香草与药草使用，这些和鼠尾草同属的植物常会和真的鼠尾草弄混淆。在欧洲的部分地区，特别是在巴尔干半岛，会栽种鼠尾草用来萃取精油，不过其他种类的鼠尾草（如三裂鼠尾草）有时也会被拿来萃取精油。	 鼠尾草 鼠尾草（干花） 鼠尾草粉
迷迭香	迷迭香性喜温暖气候，原产欧洲地区和非洲北部地中海沿岸。传说其强烈的香气是耶稣所赐予的，因为迷迭香让人觉得有股神圣的力量。事实上，远在基督教盛行之前，迷迭香早已被广泛运用了。	迷迭香被当作香料使用的是其枝叶部分，可将嫩枝整个放在肉块上烘烤，或是和羊小排、牛小排等料理一起烹调，香味扑鼻。从迷迭香的花和叶子中能提取具有优良抗氧化性的抗氧化剂和迷迭香精油。迷迭香抗氧化剂广泛用于医药、油炸食品及各类油脂的保鲜、保质，而迷迭香香精则用于香料。	 迷迭香粉 迷迭香 迷迭香（干）

名称	起源历史	作用与功效	代表图片
百里香	百里香原产于南欧，被作为一种美食的香料而广泛种植。	百里香作为多年生草本植物，烹调时多使用叶子的部分，淡淡清香中带有一丝苦味。其香味经长时间烹煮也不会被破坏，是大骨清汤或熬高汤用的香料包里不可或缺的香料。它可作为食材，味道辛香，用来加在炖肉、蛋或汤中。欧洲传统上认为百里香象征勇气，所以中世纪时经常用它赠给出征的骑士。	百里香粉 百里香　百里香（干）
牛至叶	牛至叶又名比萨草，自古生长于地中海国家的山区野地，常用于增添食物或酒类的芳香。	牛至叶十分适合用于番茄和乳酪的搭配，是属于意大利菜的一大香料。其浸泡当成茶饮用，可以解决消化系统方面的问题	牛至叶粉 牛至叶　牛至叶（干）
月桂叶	月桂叶是月桂树的叶子，在古希腊和罗马时代，月桂叶被当成英勇和胜利的象征，当时的诗人、学者或奥林匹克运动会获胜者被授予荣誉时，都会戴上月桂叶做成的“桂冠”。	月桂叶属于西餐调料、罐头配料，身价远高于肉桂树叶与桂花树叶。它是欧洲人常用的调味料和餐点装饰，用在汤、肉、蔬菜、炖食之中，可说是一种健胃剂。	月桂叶粉 月桂叶　月桂叶（干）
小豆蔻	小豆蔻原产于印度南部和斯里兰卡，取自一种姜科植物的种子。绿色如豆荚般的果皮内，并列着七至八颗深褐色种子，是印度菜中常见的香料。在古罗马和古希腊时代，小豆蔻是用来提炼香水的原料，价值不凡，其身价仅次于番红花。	小豆蔻是一种烹调香料，特别是咖喱菜的佐料，稍带辣，种子可以做中药。	小豆蔻 小豆蔻（干）　小豆蔻粉

名称	起源历史	作用与功效	代表图片
大茴香	大茴香是自古就被当作香料的植物之一，据传在古罗马时代，香甜的大茴香果实还可以折抵税金。中世纪时，大茴香广传于欧洲各地，16 世纪时已成为一般家庭也可栽种的植物。	大茴香即大料，学名叫“八角茴香”，也就是我们做调料用的八角。它的果实也可以做香料，因能除去肉中腥味，是烧鱼炖肉、制作卤制食品时的必用之品。	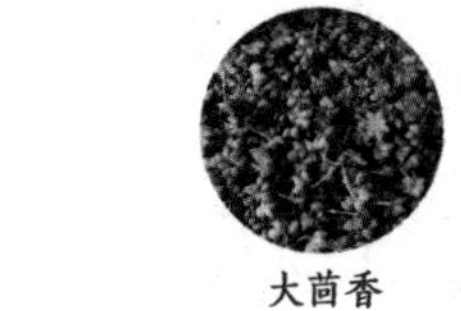 大茴香  大茴香（干） 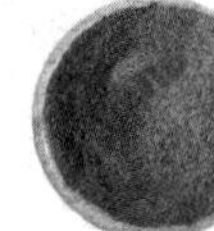 大茴香粉
小茴香	小茴香原产于地中海一带，和同科的大茴香同是最早出现在人类历史记载中的香料，古埃及的医书中就已有小茴香的相关记录。	小茴香是以果实为香料、茎叶为食用材料的一种蔬菜，具有散寒止痛和开胃理气的作用，是肉类加工中常用的香辛料。印度人烹煮咖喱时，通常会将小茴香放进锅里爆香，再加入其他材料或香料。	 小茴香  小茴香（干） 小茴香粉
丁香	丁香源自拉丁语 Clavus，最早发源于有“香料诸岛”之称的马鲁古群岛。将其未开的花蕾干燥，便成了香料的用材。在西元 2 世纪左右，丁香由马鲁古群岛经埃及亚历山大港转运到欧洲流传而来。	丁香钉状的花蕾，东方味十足。其花蕾干具有强烈的芳香，含在口中，舌头会麻麻的、辣辣的，咬碎后则会变甜并散发出淡淡的清香。目前丁香主要被用来制造香菸，用量约占全世界的 50%，所以印度尼西亚不但是丁香的生产国，更是最大的出口国。	 丁香粉  丁香 丁香（干）
番红花	番红花价如黄金，是香料中最昂贵的一种。番红花虽然和藏红花为同类植物，但藏红花是春天开花，而番红花则是在秋天开出的淡紫色花朵。番红花源自阿拉伯语 Záfran，现在主要分布于西班牙、希腊、土耳其、印度等地，其中以西班牙生产的最为优良。	番红花是高贵、芳香的香料皇后，主要用于食品调味和上色，带有强烈的独特香气和苦味。	 番红花粉 番红花 番红花（干）

名称	起源历史	作用与功效	代表图片
肉桂	肉桂原产于斯里兰卡、印度南部一带，现均为人工栽培。最大的肉桂生产国为斯里兰卡，当地生产的肉桂最为上乘，肉桂粉质地细嫩，带点微微甘甜的香味。	肉桂在中国也称桂皮，为樟科植物肉桂的干燥树皮，芳香，可作香料。	 肉桂块 肉桂 肉桂粉
姜黄	姜黄原产于东南亚热带地区，通常是食用根茎部位。据说在西元前 600 年就被当作染料使用，现在是作为咖喱粉的黄色染料。	姜黄的根茎和姜十分类似，挖出的根茎用水稍微烫煮，经几天日晒干燥，磨成粉末即可用来染色。姜黄是多年生有香味的草本植物，既可药用，又可作为食物调料。其辛香清淡，略带胡椒、麝香、甜橙及姜的混合味道。	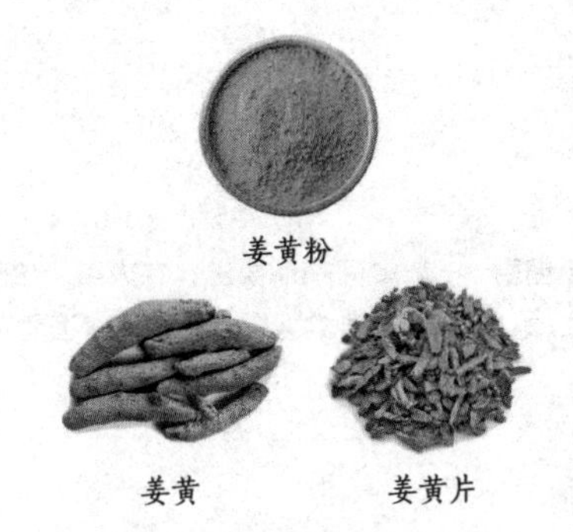 姜黄粉 姜黄 姜黄片
茵陈蒿	茵陈蒿生于低海拔地区河岸、海岸附近的湿润沙地、路旁及低山坡地区。属菊科植物，作为料理香料的时间较短，其新鲜叶子和干燥叶片皆可应用。茵陈蒿分为“俄罗斯茵陈蒿”和“法国茵陈蒿”两种。	法国茵陈蒿较适合做香料，它具有大茴香般的甘甜芳香、胡椒般的刺激辛辣，风味特殊而完整。	 茵陈蒿 茵陈蒿（干） 茵陈蒿粉
肉豆蔻	肉豆蔻原产于印度尼西亚东部的马鲁古群岛，只生长在热带近海的环境。	肉豆蔻为热带常绿乔木，果实类似杏桃果，种子中央的核仁部分即是肉豆蔻，包围种子外层的假种皮则为豆蔻皮，两者都可用来做香料，且香味十分相似。不过相对于肉豆蔻散发出的强烈香气，豆蔻皮的香气就显得清新而纤细些。	 肉豆蔻 肉豆蔻皮 肉豆蔻粉

名称	起源历史	作用与功效	代表图片
荷兰芹	荷兰芹即香芹，原产地中海沿岸。相传古罗马人民在宴会款待中，会在餐桌上摆置整束荷兰芹，来宾赴宴时，也要在头上插着荷兰芹，这是因为新鲜荷兰芹的香气可以吸收酒类的酒精成分，一来可以解酒，二来可以防止酒精中毒。	荷兰芹在世界各地广泛使用，作为餐厅厨房里相当常见的素材，是意大利菜经常使用的调味香料。另外，意大利香芹的叶子细而不卷，和芫荽很相似，叶片蕴藏着丰富的营养。荷兰芹含有大量的铁、维生素 A 和维生素 C，多作冷盘或菜肴上的装饰，也可作香辛调料，还可供生食，特别是吃葱蒜后嚼一点荷兰芹叶，可消除口齿中的异味。	 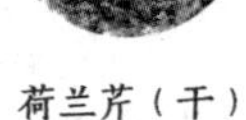 荷兰芹　荷兰芹（干）
马郁兰	马郁兰原产于地中海沿岸，做为药草香料使用的历史由来已久。古埃及人会运用马郁兰和大茴香、小茴香等香料来保存木乃伊，一直受到人们的重视。马郁兰品种很多，如盆栽马郁兰、甜马郁兰、冬季马郁兰等，一般统称的“马郁兰”是指甜马郁兰。	马郁兰属多年生草本植物，香味温和、甘甜，具有消毒、解毒和保存的功效。马郁兰茶味道甜美，带些微刺激性的苦涩香味，常饮此茶能松弛神经。	 马郁兰　马郁兰粉
芥末	芥末自古以来就深受人们喜爱，哲学家毕达哥拉斯曾在 2500 年前就发表过“芥末有中和蝎毒的效果”的文章。在欧洲酿制葡萄酒时，会在发酵前的葡萄液中混合芥末籽，制成所谓的“芥末”，因此芥末的拉丁文 mustum ardens 有“辛辣味的葡萄汁”的意思，这也就是芥末的由来。	芥末可分为黑芥末、白芥末和褐芥末三大类，黑芥末原产于南欧，具有强烈的辛辣味；褐芥末主产于印度；白芥末是北美洲的产物，风味温和芳香。 芥末微苦，辛辣芳香，味道十分独特，可用作泡菜、腌渍生肉或拌沙拉时的调味品，亦可与生抽一起使用，充当生鱼片的美味调料。	 芥末籽　黑芥末籽　芥末酱
薄荷	薄荷原产于地中海沿岸，繁殖容易，种类繁多，其中最具代表性的是黑胡椒薄荷和绿薄荷。有些薄荷会以香味特征来命名，如苹果薄荷、柠檬薄荷、橘子薄荷和香水薄荷等品种，也相当受欢迎。	薄荷气味甘甜，清凉有劲，具有医用和食用的双重功能。其主要食用部位为茎和叶，也可榨汁服。在食用上，薄荷既可作为调味剂，又可作香料，还可配酒、冲茶等。	 薄荷　薄荷干　薄荷粉

名称	起源历史	作用与功效	代表图片
生姜	生姜原产于亚洲热带地区，据说是由东方国家传到欧洲的香料。西元 2 世纪，生姜进入埃及，之后经由阿拉伯商人传到希腊和罗马等地。9 世纪左右，生姜粉、盐和胡椒已是当时日常生活的常见调味料，目前以中国和印度为最大生产国。	生姜有着独特的辛辣芳香，是一种常用的调味品，俗话曾有“饭不香，吃生姜”的说法。生姜的辣味成分具有一定的挥发性，能帮助消化，有健胃的功能。用姜丝作调味品，既可以杀菌，还能去除腥味，让菜肴更加香味四溢。	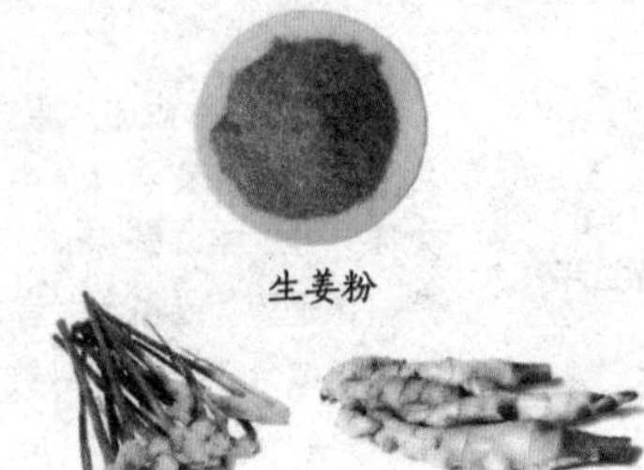 生姜粉 生姜 生姜
葛缕子	葛缕子是欧洲自古以来就广泛使用的一种香料，早期埃及人并不将之当香料食用，而是做为药材、香水的原料，或是用来保存木乃伊；罗马人喜欢将葛缕子加在蔬菜与鱼类烹调的菜肴中；希腊人则将葛缕子视为自然的胭脂，它可以带给女性健康的肤色。凯萨大帝的军队用来果腹的面包也是由葛缕子的茎与牛奶制作而成的。	葛缕子的外观很像莳萝，尝起来的味道却像小茴香，是个很容易让人混淆的香料，尤其在东方国家或地区，时常与小茴香交错使用。在香料市场的交易中，葛缕子也常被称作“外国小茴香”，其中的相似处可见一斑。	 葛缕子（干）  葛缕子  葛缕子粉
莳萝	无论是寒带还是热带地区，莳萝都很容易栽种，目前世界各国均有生产。莳萝是一种具有神奇魔力的植物，古称“洋茴香”，外表看起来像茴香，开着黄色小花，结出小型果实，自地中海沿岸传至欧洲各国。	莳萝香气近似于香芹，带点清凉味，温和而不刺激，适用于炖类、海鲜等佐味香料。其味道辛香甘甜，富含丰富维生素及矿物质，多用作食油调味，有促进消化之效，在俄罗斯、中东和印度菜式中特别受欢迎。莳萝种子的香味比叶子浓郁，更适合搭配海鲜等。	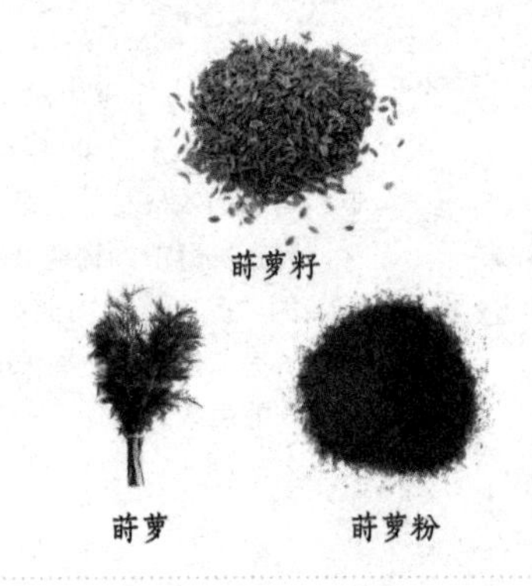 莳萝籽 莳萝 莳萝粉
杜松子	杜松子为常绿乔木杜松的种子。杜松子产于北半球，不管是亚洲、美洲、欧洲都有其生长的足迹。其最早为埃及人所食用，暗紫色的圆形果实具浓郁的甘甜香味和苦味，是调配琴酒（Gin）所不可缺少的香料。琴酒的名字也是由荷兰语的杜松（Ginneper）转化而来。	杜松的果实可增添琴酒风味，主要作用也是用在琴酒的制作上。	 杜松子 杜松子（干）

名称	起源历史	作用与功效	代表图片
山葵	山葵原产于日本，自然生长于山沟清流中，其叶、茎、根皆具香辛成分，特别是根部最为辛辣。民国初年才由日本人引进入中国台湾，目前以阿里山为主要产地。	山葵是一种珍稀辛香植物蔬菜，有丰富的营养成分，价格昂贵。山葵酱口感好、呈绿色，有香、辛、甘、粘四种特色风味，是一种纯正的绿色调味品。	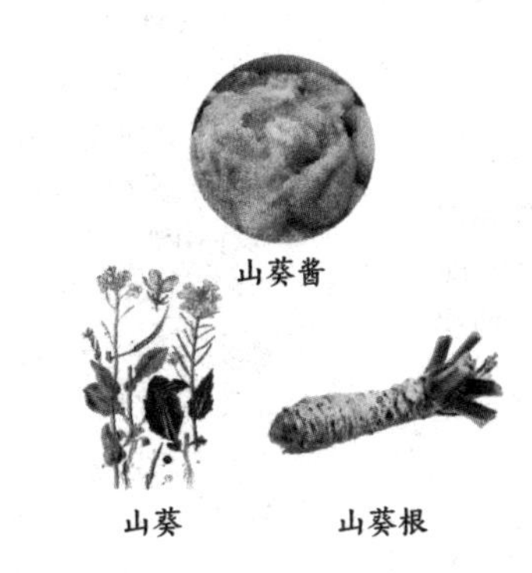 山葵酱 山葵 山葵根
香茅	香茅原产东南亚热带地区，由于根系发达，能耐旱、耐瘠，生长较为粗放，在我国广泛栽培。香茅亦称香茅草，为常见的香草之一，因有柠檬香气，故又被称为柠檬草。	香茅在夏日常用来煮粥服食或泡茶饮用，既可防中暑，又可增进食欲。其新鲜植株根部以上的白色部分还可切成薄片，加入凉拌菜中，味道十分爽口。	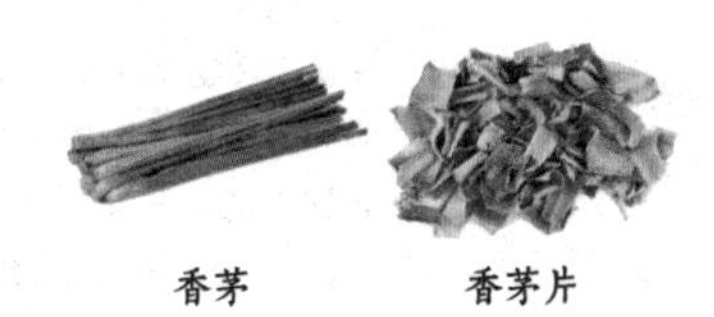 香茅 香茅片
陈皮	陈皮为芸香科植物橘及其栽培变种的干燥成熟果皮。其药材分为“陈皮”和“广陈皮”，一般通过采摘成熟果实，剥取果皮，晒干或低温干燥获得。	陈皮用于烹制菜肴时，其苦味与其他味道相互调和，可形成独具一格的风味。	 陈皮（湿）  陈皮（干）  陈皮条
罗望子	罗望子原产印度及热带非洲，1900 年引进中国台湾，东南亚国家将其入菜，但在台湾地区则栽培为观赏树。罗望子属于豆科植物，豆荚长达 10~15cm，新鲜时果肉为白色、味道酸甜，成熟则转呈褐色果酱状，味道变酸。	罗望子依品种不同可当甜点或调味。将豆荚剥除，取出其中略硬的块状物，等到烹调时再泡水融化，沥掉种子，只取用液汁。罗望子果实中的果肉除直接生食外，还可加工成营养丰富、风味特殊、酸甜可口的高级饮料和食品。	 罗望子酱  罗望子  罗望子果

类别	特征	代表图片
组合数种香料随心所欲	香料束源自法文，意指“花束”，是香草的意思，主要用来调和鱼肉的腥臭味。香料束的素材并没有特定限制，大致可分为鱼贝类用、白肉类用（猪肉、鸡肉）、红肉类用（牛肉、羊肉）三种，各由合适的香料搭配组合而成。香料束的基本素材包括芫荽、芹菜、月桂叶和白里香，其中芫荽、芹菜和百里香必须采用新鲜的植株，月桂叶可用干燥的叶子，也可从鼠尾草、迷迭香、茴香等香料中，挑选出适合搭配的材料。香料束要和其他材料一起用水煮，等做完菜后再取出。如果只是要用香料束去腥时，只要稍微煮开便取出，而且可再回收使用。香料束的主要作用是突出素材美味的辅助调味料，所以必须依料理的不同，选择搭配各种适合的香料。	
调配方法五花八门	据说在咖喱的故乡印度，并没有“咖喱粉”这种名称。“咖喱”源自淡米儿语，是“许多香料加在一起煮”的意思，而这些依喜好调制出来的香料，总称为“咖喱粉”。此外，因民族及宗教的不同，调配出的口味也会各有特色。市面上虽有贩卖调配好的咖喱粉，但不妨再加一些自己喜欢的香料，增添做菜的乐趣。	
美国人发明的综合香料	甜辣粉和咖喱粉一样，没有特定的调配方法，红辣椒及牛至叶是基本的材料，其他如小茴香、甘椒、莳萝、丁香等香料，则可依喜好酌量选取调配。	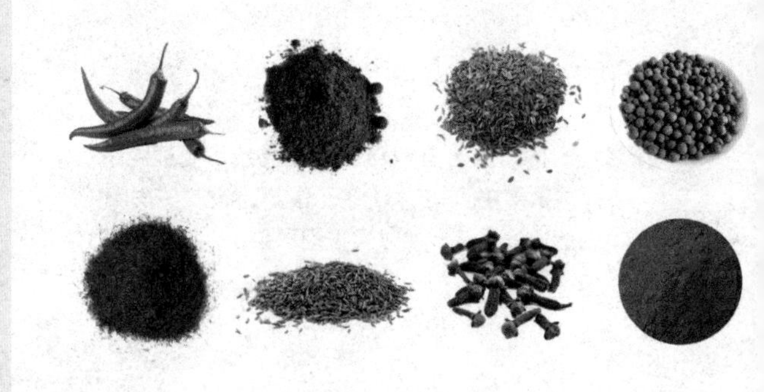
法国南部普罗旺斯的家庭香料	在法国南部的普罗旺斯，百里香、鼠尾草、迷迭香、牛至叶等植物自然生长在山野之中，居民们就地取材，随意栽培，运用到烹饪之中。普罗旺斯香料（普罗旺斯特有的药材类香料）则是将这些香料干燥、混合调制而成的综合香料，可运用于长时间加热烹调的菜肴上。	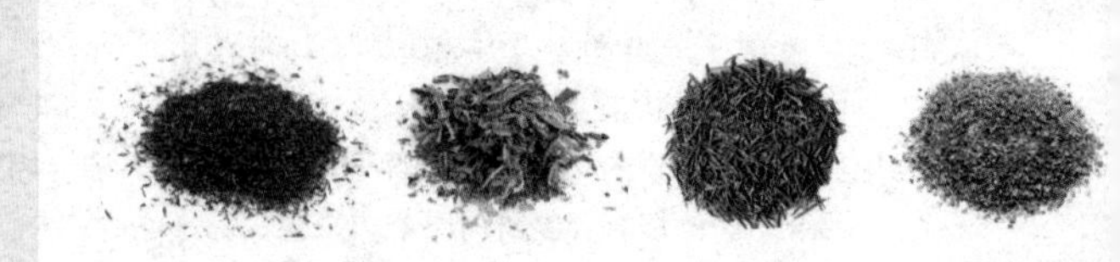

类别	特征	代表图片
最具代表性的中国综合香料	五香粉通常是从八角、肉桂、丁香、小茴香、小豆蔻、肉豆蔻、胡椒、甘草、花椒或陈皮等香料中，选出五种来调制，其中又以肉桂、丁香、花椒、陈皮、小茴香最为普遍，有时也会用八角替代小茴香。“五香粉”从字面上来看，是由五种香料调配而成的，但实际配制时会多于五种香料。	
即时调制的甜味咖喱酱	绿咖喱酱是泰国代表性的甜味调味料，通常会和椰奶一起添加，使味道更为香甜。基本上，绿咖喱酱是用青辣椒及药草类香料捣碎调制而成的，而其中调配方法的微妙差别，则是决定厨师手艺的关键所在。	
印度家庭独有的口味香料	混合香辛料是印度最具代表性的综合香料，每个家庭都有独特的配方，由母亲传授给女儿，所以做出的菜都充满着妈妈的味道。如婚后与婆婆同住，女性还要学习并继承婆家传承下来的调配手法。	

附录E 风情餐桌的布置

(1) 新中式餐桌

讲究时代感的餐厅，中式风格里混杂着现代线条设计。餐桌铺设中国瓷盘，背景墙上的装饰，灵感来自中国门的细节，台灯和花器的用色均是中式格调常用的金色。

(2) 现代风格餐桌

现代居室中，厨房和餐厅的面积一般不大，因此因地制宜进行餐桌装饰很有必要，灰色烤漆饰面和钢结构家具把家具和色彩的概念统一在空间里，发光的雕塑装置灯和烛台相配，白色桌子上面用红色餐盘和水果花艺去点缀。

(3) 美式餐桌

美式餐桌经常会在桌面上陈设桌布，另外也会准备餐垫。如果决定使用色彩斑斓的桌布织物，可以考虑质朴的亚麻布、华丽经典的锦缎、民族特色编织或琥珀色的印度纱布等。

一般情况下，室内装饰从墙开始，再从窗帘、家具延伸到餐桌和餐具。

餐桌上散发着诱人的光环，餐具造型复古，从摆放的食材可以看出这是一个享用早餐的空间。餐桌上的食物和饮品有着文化和象征作用，这是不同领域的有识之士达成一致的观点。

餐桌的奇妙之处在于餐具和食物的完美呈现，让这餐美食具有了仪式感。每个餐桌都好像一出歌剧，可以作为一个短暂的杰作表演完美呈现。

（4）法式餐桌

在法式风格的胡桃木餐桌上，呈现了 19 世纪初的早餐文化，饼干、面包、咖啡、牛乳、自制的果酱在此完美相遇。

这是过去的人们设置的凉亭，类似今天的露台或花园遮阳篷。户外的人们偶尔需要一个凉亭来躲避太阳或是小雨的天气，同时又能欣赏到周围的美丽景色。将室内的环境转移到没有围墙的户外，去除束缚，也是很多餐厅喜爱的方式。

(5) 地中海式餐桌

摩洛哥的地中海沿岸，炫目的早餐桌上有那不勒斯式咖啡和传统倒立的咖啡壶，瓷咖啡杯得以精彩呈现，餐桌旁摆放的是摩洛哥式的扶手椅。

晚餐餐桌设置在简单的木平台上，与海滩直接接触。 范思哲的餐具系列放置其中，让桌子保持了一种在空间与时间中的梦幻气氛。

(6) 东南亚式餐桌

将餐桌摆放在巴厘岛日落前的海滩上，紫色、红色的桌布呼应了天空的色彩。远处的树木留下摇曳的剪影，沉静的餐桌上装有红色蜡烛的玻璃烛台满足了照明的需求，同时点缀出浪漫的烛光晚餐。

极具东南亚风格的银质餐盘里根据季节摆放不同的花朵装饰，这是典型的巴厘岛文化特色。红色餐巾、芭蕉枝编制的扇子与一朵白色小花形成了这处小景，瞬间让餐盘变得生动起来。

(7) 意大利式餐桌

最早的餐桌礼仪是为剥离的食物骨头提供餐盘和餐巾纸，而如今不同国家、不同地区的餐饮礼仪规则、美学都产生了变化，其往往客观反映出各地的经济现状及食物的品种。

精致的餐布、闪闪发光的餐具、新鲜出炉的面包等，都是人们每天在睡梦中醒来所希望享受的早餐仪式，不失内在的亲切感。这些餐桌的陈设似乎邀请我们，开始不紧不慢或者美好的新一天。

(8)英式餐桌

英国古老的宫殿和庄园具有宽敞的、精心布局的用餐室与接待室，能够给餐桌赋予浓厚的历史韵味。如果能够回到过去，我们希望能看到几把代表性的餐椅和餐具、18 世纪的宫廷绘画和围绕在贵族圆桌前身穿制服的仆人。

圆形餐桌或长条餐桌都需要放置合适数量的座位让客人舒适就坐，同时缩小餐椅的后背以餐桌为核心来吸引人们的视线。

在这个就餐空间，大型的餐桌上一组奢华的银质餐具传达着宴会的盛况。公开炫耀价值不菲的餐具及服务，是英式贵族青睐的生活方式。

(9)阿拉伯式餐桌

阿拉伯风格的餐厅充满了中东世界的魅力，热情的色调、舒适的面料赋予空间强烈的节奏感。这里是早期香料的发源地，并最终在食物里绽放出生命的活力。沉稳的家具点缀了银色描边、暗金色的壁纸、泛着烛光的水晶烛台，这一切都映衬出典型的阿拉伯风格特色。

这是一个位于撒哈拉沙漠五星级度假酒店的餐厅，它是展现阿拉伯文化的一个小型博物馆，到处可见的墙龛，几乎像橱窗一样展示着价值不菲的抛光铜器皿。餐桌上的天鹅嘴茶壶，好像摩擦一下就可以发现阿拉丁的世界。

（10）非洲风格餐桌

在非洲一个住宅的阁楼上，在光与影的交错中布置了一个温馨的餐厅。桌布的图案是热带植物的花卉纹样，活跃了餐桌的气氛。

这个餐厅里，有一个来自南非的鹿角吊灯。坐垫和靠垫面料均来自动物的皮毛，而桌子和凳子都是纯手工制作的。

这个距离地面 25m 的屋顶餐厅，交错摆放着棕榈植物，木头的原始面貌重新排列组合，搭建出餐厅的屋顶。桌子奠定出非洲的风格，餐桌的布置也因地制宜、质朴纯粹，却并没有减少功能性。